U0187805

日日优雅

从穿搭之美到生活之美

羽颜 著

中国纺织出版社有限公司

内 容 提 要

穿美的衣服，过美的生活。本书围绕穿搭美学和生活美学，介绍了女性如何内外兼修，优雅穿搭，优雅生活。

穿搭美学针对女性的形象，为我们展示了穿搭的语言，介绍了穿搭的风格、方法，单品和配饰等；生活美学结合礼仪，介绍了女性如何优雅于形，如何在柴米油盐中依旧保持优雅，如何享受生活中的闲适时光，如何将简单的日子过成诗意的生活。

图书在版编目（CIP）数据

日日优雅：从穿搭之美到生活之美 / 羽颜著. --北京：中国纺织出版社有限公司，2022.5

ISBN 978-7-5180-8892-8

Ⅰ. ①日… Ⅱ. ①羽… Ⅲ. ①女性-服饰美学 Ⅳ. ①TS973.4

中国版本图书馆CIP数据核字（2021）第191133号

责任编辑：刘 丹　　责任校对：寇晨晨

责任印制：何 建

中国纺织出版社有限公司出版发行

地址：北京市朝阳区百子湾东里 A407 号楼　邮政编码：100124

销售电话：010—67004422　传真：010—87155801

http：//www.c-textilep.com

中国纺织出版社天猫旗舰店

官方微博 http://weibo.com/2119887771

北京华联印刷有限公司印刷　各地新华书店经销

2022 年 5 月第 1 版第 1 次印刷

开本：880×1230　1/32　印张：6

字数：116 千字　定价：58.00 元

前　言

拥有怎样的美？在我看来这是每个女人都会问到自己的一个问题。因为，我们总是难免在追求各种美的路途中迷失，在时尚激流的怂恿下随波逐流，却最终慢慢地失去了自己。我们在生活中经常谈论美，想方设法塑造美，但美又是什么呢？

有人说美就是拥有完美的容颜，于是费尽心力去整形成同一个样子；有人说美就是看上去年轻，于是无论在什么年龄什么场合都减龄扮嫩；有人说美就是流行，于是衣橱里服饰堆积如山，却仍旧填不满对美的渴望；有人说美就是收藏各种限量版衣物，于是钱财散尽、毫无节制。

其实，美不是竞争，更不是炫耀。当我们说一个女人拥有美时，她拥有的是一份发自内心的底气，这份底气源自对自己的认知、对事物的取舍、对场合的尊重和对自己的那份精致的爱。

认识自己

在工作中，我每天都和美打交道。眼前的美，各不相同。有青春洋溢的二十多岁的美，有花开正艳的三十多岁的美，有经过岁月历练后智慧的四十多岁的美，也有包容淡然的五十多岁的美……选择适合你年纪的着装打扮，带着那个时期的人生感悟，充满自信地展示和表达，那才是最美的你。

美是和谐，唯有外在与内在和谐，场合与角色和谐，懂得自己和展示自己和谐，才能给人美的感受。作家周国平说过：“在人世间的一切责任中，最根本的责任，就是真正成为你自己，活出你独特的个性和价值来。”

所以，美的起点，也一定是认识自己——带着接纳、欣赏和善待。很多时候，并不是我们不懂得美，而是忽略了自己的内心，忽略了什么才是自己想要的。这种忽略，阻止了真正的美降临在我们身上。

学会取舍

美，还需要拥有智慧，懂得选择，善于放手。

美是一种真实的生活方式，它源于生活，最终也将回归到生活。美是坚持不懈的价值观，是拥有一颗安稳平和、善于判断的心。

当下是一个时尚潮流盛行的时代，一些时尚博主的街拍似乎已经成为女士们的日常搭配教科书。她们身体力行地教导我们如何穿才更时髦，衣服流水般日日不同，搭配思路更是另类，好像所有的吸睛之处就是多得穿不完的衣服和各类时尚元素的堆叠。

有人说，对一个时尚博主而言，会穿比漂亮更重要。但我觉得还应该补充一点，即要能给关注者启发。这种启发不是外表的眼花缭乱，而是一种穿着情感和内在表达。

因此，在将她们作为模仿对象之前，我们要学会在心里做减法。虽然想要的东西看起来很多，但事实上真正适合自己的、内在气韵和外在气息合而为一的美是很稀少的。所以，用力过猛很简单，但懂得舍弃却并不容易。

讲究得体

说到得体，我们往往都会想到礼仪，想到尊重，想到修养，想到和我们生命质地相连接的那些品质。有了得体，才会让我们的美更加深刻。

我特别喜欢看 20 世纪 50、60 年代的老电影，里面的人物各个穿得精致讲究，使人深深感到那个时代的人更加自尊，也更加尊重他人和环境，总是竭力把最好的自己带给世界。如今的人都不太遵循这样的规则了，人们的穿着都任由金钱和个性驾驭，随心所欲。

莎士比亚有这样一句话："衣裳时常表示一个人的人品。"如果自己恰如其分，万事万物也会恰如其分。一个女人的美丽和精致并不是指时刻都穿得光芒四射、吸引眼球，而是一定要建立在得体的基础上，在不同场合恰如其分地展示自己的形象。

我们应该把每一天的着装和每一分举止都当做一个小小的作品，用它表达出打动我们自己的东西，然后再打动他人。打动，不是表面的华丽和惊艳，而是将舒服的美放在对的场合。

精致呈现

关于女士的形象，我听过最好的两个形容词是：精致和优雅。精致在于态度和习惯，而优雅则需要时间的积累。

我认识这样一位女士，她的衣服并不多，大多都是经典的基本款，但无论出席什么场合，她总会巧妙地运用各种精致的配饰和有趣的穿衣细节使这些基本款妙笔生花。

她不会花费太多的钱去购买当季的流行单品，也不会因为怕弄坏或者弄脏衣服而将其搁置不用，她认为既然拥有，就应该好好享受。就像塔沙奶奶说的：“要以度假的心态享受每一天。”她会在前一晚根据第二天的场合搭配出得体的服装，会在出门前一边熨烫衣服一边听几首喜欢的音乐，选好合适的配饰，心情愉悦地出门。

我想经过这样精致准备的形象和心情，无论是去嘈杂的街头还是忙碌的办公室，都不会狼狈不堪，而是会像一缕清风，让人感到舒心和平静。

精致的形象，一定是用心去装扮自己，关注细节，不随波逐流，不攀比争艳；精致的形象，从来都需要一颗不急不躁的心去体会、去感悟，保持住细节的精致，才会保留住形象的美丽。

每个女人都渴望拥有精致美丽的外表和闪闪发光的生活。精致并不是完美无瑕，而是用心对待每一天，树立自己的风格，忠于自己的内心。

这本书里所有的文字，都带着对每一位爱美女士的祝福。愿这些文字能够为你带去指引和感悟。

羽颜

2021.6

目 录

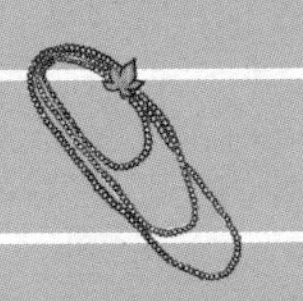

第一章 · 形象篇

第二章 · 礼仪篇

第三章 · 修心篇

第一章

形象篇

▽

1

风格各不相同，学会欣赏自己

我非常喜欢百度百科对“欣赏”一词的解释：欣赏，即享受美好的事物，领略其中的趣味。我们总是渴望得到别人的欣赏，以此来证明自己的存在感和愉悦感，却恰恰忘记了自己才是最应该欣赏自己的那个人。

我说的这份“欣赏”，不是因为皮肤光滑、身材玲珑有致而沾沾自喜，并非用眼，而是用心来“读”和“品”自己，诚恳又坦率地认识自己，温柔又包容地接受自己。

有一天，我和朋友约好去她的工作室。敲开门，一位笑容满面的陌生女子热情地接待了我们。她话不多，但言语和举手投足间流露出的得体修养和灿烂微笑，让我记住了那个温暖的早晨。

后来，她找到我帮她设计形象。她说自己一直以来都很自卑，觉得自己外形不好看，只要有人调侃她的形象，哪怕只是开玩笑，她也会难过好几天。然而她给我的印象完全不是这样。168厘米的个子，匀称的身材，阳光般的笑容，还有举手投足间流露出的教养……这些都让我很喜欢她。美，就是让人记住你，然后在想起你的时候嘴角不由自主地上扬。然而这些她好像完全看不到，她的眼里尽是自己不好看的地方。

我有很多客户都像上面那位女士一样，外在形象真的很不错，可是在与她们的交谈中，总能感受到她们的不自信——说话时低着头，眼睛总是向下看，举止也不自然，仿佛不知道该把手放在哪里。对这样的客户，我通常会坚定地握着她们的手，告诉她们优点在哪里，以及如何突显自己的优点。

对自己宽容且温柔一点。这是我经常分享给她们的一句话。其实，形象塑造的第一步，也是最重要的一步，就是要接纳自己的一切，然后将关注点集中在形象优点上，去欣赏它们。我们一定要和自己对比，花时间好好审视自己，而不是用别人的形象去做参照物，后一种情况会让你觉得自己的不完美之处越来越多。欣赏

并不是自恋。自恋是过分自信自满的一种陶醉入恋的心理表现；而欣赏，是带着客观的判断和情感发现乐趣。

很多被我们羡慕和欣赏的人并不是天生就拥有美丽的容貌、骄人的身材和精致的穿搭，我相信她们是学会了欣赏自己。莎士比亚说“美是和谐”，只有自己对了，形象才会对，这就是和谐。

回到最开始的那位女士。我帮她进行了形象风格分析，她面部最突出的特点就是笑容。有些人一笑起来就会让你有万物美好的感受，那这个人的风格中一定有自然阳光的成分。再结合她严谨的工作环境、充满修养的举止和略显理性的性格偏好，我最终为她锁定了“大自然、小知性”的风格。

自然风格会透露出毫不矫揉造作的亲切，像邻家姐姐一样自然和煦，周到贴心。而知性风格除了面部五官有着直线条的利落外，更重要的是整体体现出得体干练的行动力和为人处世的大度感。

制定了日常的搭配方案后，看到照片中她越来越精致得体的穿搭，越来越自信的模样，还有她不时发给我的感谢，我就好像看到一株植物迸发出美好的生命力。她说原来服装真的不在于贵呢。是的，贵的不该是衣服，而应是我们那颗欣赏自己的心。

我很喜欢柏拉图说过的一句话：“人生最遗憾的莫过于，轻易地放弃了不该放弃的，固执地坚持了不该坚持的。”就如同，于我们的形象来说，轻易地放弃了欣赏自己的勇气，而固执地接纳了别人的评论；轻易地放弃了上天赐给我们的独特，而固执地坚持了千篇一律；轻易地放弃了自己的创造力，而固执地默认了别人的审判。

而我始终相信，完成了这重要的第一步，才是美丽的开始。

2

风格来自哪里

也许会有人告诉你，风格来自五官和身材；还会有人告诉你，风格来自面部五官的大与小、动与静；甚至会有人告诉你，所有人的风格都在八大风格或十二大风格之中……但上述这些，都单薄到无法去发掘一个女人真正的风采，更不可能帮助她们释放美丽。

如果你愿意用心去欣赏一个女人，绝不会用干巴巴的“漂亮”或者“好看”去形容她；如果你愿意真挚地赞美一个女人，请用你的慧眼和珍爱之心，去发现流淌在她们身上的独特之处。因为，每个人都是单独的个体，都有自己的风格。服装不是让女人看起来像某个人或者某种类型，而是应该呈现出这个女人最真实的样子。

在我的穿搭美学课堂上，有一位学员，第一天上课的时候，她说之前被其他形象老师定位为前卫型风格，至于这种风格具体该怎样选择服饰和搭配，她却茫然不知。那天我对她说，一定有更适合你的风格，并且是专属于你的风格。这很重要。就如同说起赫本风和杰奎琳风，我们都会不约而同地知道是谁，是什么样子的，表达了哪种特质。

奥黛丽·赫本风

杰奎琳·肯尼迪风

其实从这位学员的面部线条、五官布局和骨架轮廓来看，她直率纯真，轻盈利落，有少年的气息，这也是她的基础风格。还记得第一节课，她是第一个到场的，看到我走进教室，便过来询问是否需要帮忙摆放衣服和配饰，举止直爽不拖沓，热情但不张扬。

经过六节课的相处，我发现无论是课上还是课后，她对不懂的问题特别善于发问和总结，恰到好处的执着是她的内在特质。并且，只要她穿戴白色服饰，总会让人过目难忘。任何白色的服饰在她的演绎下都会特别出彩，特别和谐。那么，白色为什么不能作为她的风格点呢？如果她能够把白色元素巧妙地运用在日常穿搭中，再结合少年风格中直线条为主的服装设计，就既能呼应她内在特质中“恰到好处的执着”，又能将最适合她的样子表达出来。这才是属于她自己的风格。

想象一下，一位女士，身穿白色双排扣休闲版西装，一条小男孩蓝牛仔裤，

一双白色乐福鞋，裤脚与鞋子之间露出一小段脚踝，仿佛刚跳完舞般生动地站在眼前，纯净的笑容让耳畔一对鸽子形状的耳饰愈加可人。像是要去旅行，又像是要去逛街。但无论去干什么，她一定都会感到自如且愉悦，因为那就是她本来的样子。

我们往往会从衣服里寻找风格，其实真正的风格是自己。有一天，我将三十多位客户穿白衬衫的照片整理在一起，发现每个人穿出来的感觉都是不同的美：干净、优雅、丰富、单纯、知性、智慧、可爱、生机、柔善、力量、高雅、秀气、灵动……

我无法用一个准确的词来形容，但却能真切地感受到她们的美。这份美，不动声色又掷地有声；这份美，简约单纯又丰富饱满；这份美，高傲清冷又亲近热络。这份美的背后，是一个女人、一个母亲、一个妻子、一个朋友、一个诗人、一个画家、一个音乐家、一个普通人、一个特别的人的种种情感。带着这些情感，才能走入那个美的境地。

没有信手拈来的美好，没有轻而易举的风格，使它们大浪淘沙般留下的，是时间。时间让我们感知一日三餐、花开花落；时间令我们的眼神更有层次、更加慈悲；时间教会我们老老实实地过日子，而不再只是炫技；时间提醒我们保持朴素、低调从容；时间给我们勇气去斩钉截铁地拒绝那些令自己不快之事；时间把考验赠予我们的同时，也把经历的硕果同时相赠；时间带走了年轻，却留下了美。

我时常觉得，能够帮助女性找到自己的着装风格，让她们发现什么才是最适合自己的样子，是一件非常有意义的事情。在众多职业中，我最终将这份工作作为我毕生敬畏和沉浸其中的职业。它是一种人生的意义，而非外在的包装和炫示。

3

灵感是穿搭的精灵

灵感，不仅会出现在艺术中，更存在于我们生活的每个角落，当然也存在于穿搭之中。

很多人认为，穿衣搭配只需要学会一些显高、显白、显瘦、显年轻、显时尚的技巧就可以了。这些重要吗？当然重要，但构建个人穿搭美学系统，除了技巧之外，灵感或者叫穿搭智慧更重要。而这些灵感来自哪里呢？

比如，今天睁开眼看到的第一种颜色；

比如，一束照进窗户的阳光；

比如，早晨还未睁开眼就闻到的味道：昨天刚买回来的花香、阳光的味道、或是咖啡香、书的味道；

比如，若为孩子准备好了衣服，我们为什么不和他们穿一样的颜色呢？

比如，前一晚看到的电影或者电视剧里的角色和片段；

比如，耳朵听到的声音，水流声、鸟鸣声、蛙叫声、婴儿的笑声、某一段有故事的音乐等；

比如，今天的心情，有时起床后就莫名想穿柔软的裙子；

比如，今天要去的地方，是飘着咖啡香的咖啡店，还是充满茶香的地方，或者是安静的书店；

比如，今天要见的人，闺蜜、领导、客户或是许久未见的同学；

比如，触摸到的东西，光滑的、温暖的、软的、硬的、有肌理感的……我们的脑海中一定会出现某一个东西或者场景，它们都可以成为灵感的来源。

有一次我要见个客户，本来已经准备好了一套西装套裙，在熨烫衣服的时候手无意间碰到旁边挂的一条丝巾。那一下滑滑的感觉，突然把我的记忆拉回到给这位客户上门做衣橱搭配的时候——她衣橱里面挂了许多丝缎的衬衫。于是我将小西装换成丝缎衬衫。结果那天我们一见面，她就很有兴趣地夸赞我的衬衫，因为衬衫我们聊了许多，聊得很开心，她比之前更健谈。

在我的穿搭美学课堂上，每节穿搭课前的穿搭灵感作业是最让学员绞尽脑汁的部分，它要求学员既要留心身边小事带来的灵感，又要结合自己的风格选择服装，还要运用搭配技巧将它们组合起来美妙呈现。这个作业算是对课上所学内容最完整的表现。

其中有一个作业是“穿一件衣服（或戴一件配饰），讲一个故事”。我们的衣橱或者首饰盒里，总有一些东西我们既不愿扔掉，也不常拿出来使用。它们好像被暂时遗忘了，落满了灰尘。而这个作业就是帮助大家记起它们，讲出它们的故事，完成一个仪式。

这个仪式后，该忘却的就处理掉。因缘分而来的东西，终有缘尽而别的时候。《泰坦尼克号》中老年的露丝之所以将那条“海洋之心”项链扔进大海，我想，这既是让跟随自己最长久的贴身之物代表她去海底寻找永远的爱人，也是她讲出这段令她脱胎换骨般重生经历的一种释怀。

该留下来的就让它发挥实效，而不是尘封。这一点，我们应该像塔莎奶奶学习。她收藏了许多古代的衣服和配饰，还有一些很有价值的器具，她说：“我宁愿将东西实际用起来而摔坏，也不愿将其藏到盒子里从来不看它一眼。”物件有你的气息，有你使用过的温度，才会有生命力，才会变成传家宝。传家宝不是价格的昂贵，而是它背后的故事和陪伴你的岁月。

有一位学员分享了她的一串项链，那是十几年前她女儿在12岁时，用自己积攒的零花钱买给她的第一份母亲节礼物。暗红色的绳子中间点缀了一枚黑色的石头，简洁大气，像是不容置疑的关怀，像是朴实厚重的付出，像是无可取代的爱。当她小心翼翼地将项链从领口内取出来的时候，眼里是难掩的幸福。她说：“我每个星期都会用它来搭配一两次衣服，像是女儿在身边陪伴着，它也让我的衣服有了美丽的细节。”

这就是最贴心的礼物，她也是一个会妥帖安置礼物的人——并不是将它放在盒子里小心翼翼地收藏，而是用它为自己的形象锦上添花的同时回忆美好的瞬间。这才是礼物真正的含义。

还有一位学员，她走进课堂时，耳畔的一副白色耳饰特别吸引人。她说当年还是长发的时候，第一次因为一个聚会找专业人士为自己盘了头发、化了妆。看着镜子中精致的自己，朋友突然拉起她说，你应该有一款耳饰。于是经过寻找遇到了它，它算是真正意义上为了仔细打扮自己而买回来的一个配饰。说到这里，她笑得无比美丽。

三毛在《我的宝贝》一书中里也写道：“我之所以爱悦这些宝贝，实在是因为，当我与它们结缘的时候，每一样东西来历的背后，多多少少都藏着一个又一个不同的故事。”

学员的穿戴故事里还有陪伴。一位学员拿起一条丝巾，说那一年自己经历了生离死别，在旅途中遇到了一位素不相识却愿意陪伴自己、倾听自己的朋友。她们就好像是认识许久的老朋友，真是应了那句“人世间的很多相遇，都是久别重逢”。在告别的时候，她们跑遍了整座城才找到了两条一模一样的丝巾，她们每人一条，见到丝巾就如同见到了彼此。

这些故事里也有成长。一位伙伴说以前自己的衣服都是妈妈买的，妈妈买什么自己就穿什么。后来自己慢慢感知到，一个女人的外在形象也需要不断成长，于是她开始精心为自己买衣服，而自己独立买的第一件衣服让她感到无比珍贵，那是她从小女孩成长为一个女人形象上的见证。

4 穿搭真正的基础，是对生活的感悟能力

在穿搭美学课堂上还有一个环节是朗读一首诗，并为这首诗挑选一套服装。有一位女士选了海子的《面朝大海，春暖花开》。那天，她穿了专门为这首诗新买的一件灰紫色毛衣和一条轻盈的百褶裙，毛衣上扎了一条细腰带，还配了一副紫色花朵图案的耳饰，摇曳在她耳边无比好看。

“从明天起，和每一个亲人通信，告诉他们我的幸福，那幸福的闪电告诉我的，我将告诉每一个人。”当她读到这句的时候，眼中含泪，声音哽咽，但笑容依然留在她的脸上。她说以前读这首诗，感受到的是海子对未来的无限向往和期待，但再度深入了解这

首诗时才发现，海子在写完这首诗两个月后，就结束了自己的生命。她说之所以选择紫色，是因为从这首诗里读到了海子渴望的那种清新隽永的生活态度和一丝不易察觉的忧伤，这也是灰紫色给她的感觉。那一刻，紫色在她身上体现为一种孤独的力量。我好像感受到了海子在写下那首诗时的心情，看到了海子坐在大海前，远处是落日余晖下泛着淡紫色的海平面……

当她读到“给每一条河，每一座山，取一个温暖的名字，陌生人，我也为你祝福”的时候，她看看窗户外的景色，又深情地看着我们每一个人。那一刻，我感到如同被一束阳光照到一样温暖，而这个时候，她身上柔软的毛衣让我感到无比温柔和暖心。

她的穿搭、她的表情、她的眼神，她的声音、她的情感、她对那首诗的解读和对服装的感受都深深打动了我。那一天，她特别美，美得深刻。自从听完她朗诵的这首诗歌后，直到今天，只要碰到《面朝大海，春暖花开》这首诗，我的脑海中浮现的都是她那一刻的样子。

穿搭真正的基础，与其说是技术性的，不如说是一个人对生活的感悟能力：她是不是有热情地投入生活的能力、观察生活的能力？她有没有一种强烈的表达愿望，而不仅仅是那些流行的、显瘦显高显年轻的技术参考？

旅行中的着装是建立穿搭灵感的重要时机。记得在一次旅行中要去参观一座拥有一百多年历史的教堂，我穿了一件简约的白衬衫和一条红色半裙，这套服装是在出发前就搭配好的。

当我抬头看着教堂里一块块斑驳的印记，抚摸着用火山石、珊瑚、贝壳混合了蜜糖铸造的教堂的外墙，想象它所历经过的战争硝烟与风雨打磨的时候，身上的那件白衬衫让我感到沉静、谦卑和虔诚。

当我低头走在教堂外大片的香蕉林中，路过香气四溢的杧果树，漫步在竹树环抱的乡间小路上，看着教堂里一对对拍婚纱照的甜蜜幸福的爱人，我身上的那条红色半裙又像是一种祝福、一抹希望、一股热情、一份快乐，令我在感叹历史伟大遗风余韵的同时，也更加热爱当下的每一天。

总有人说，学会穿搭是为了让自己变得漂亮和年轻。但当你置身于一个环境中，因为身上的服装而越发能融入其中，读到更丰富的东西和更自信的自我的时候，你就知道，穿搭的价值绝不止于此，它会培养我们感受身边每一个微小事物的能力。

这样日积月累，对身边事物的观察力、对音乐和色彩的敏感度、对情绪的穿透力都渐渐增强，就能构建我们日常着装的美学思维和灵感库。如同蒋勋先生所说，“美其实是一个库存，它需要在平常积累很多美的感受，然后在某个时刻，那个灵感就会忽然出现。”

长此以往，我们对生活中任何事物的感受力都会越来越强，品位也会提升，人的气质也就自然显现了。虽然仅仅学习穿搭技巧，是会让我们更加时尚漂亮，但培养出穿搭灵感，则会让我们每一天的形象都充满温度，充满生命活力。

5

建立经典而不焦虑的衣橱

你理想的衣橱是怎样的?

这个问题我曾经问过很多人，印象最深刻的是一位朋友的回答。她说:“我最理想的衣橱是有去任何地方见任何人都不会出错的衣服。”

我称这样的衣橱为“懂事的衣橱”，它不会让我们每一年都陷入“衣服这么多”的罪恶感中，不会让我们将希望寄托于每一季的流行服饰上，不会让我们在突如其来的场合着装中抓狂纠结。很多人都爱炫耀自己买了多少件衣服、拥有哪些品牌，同时又会抱怨总是没有衣服穿。衣橱中琳琅满目，却很少有人能将这些衣服的生命力穿出来，让这些衣服发挥出最大的搭配力，而这些，都要建立在我们拥有一个“懂事的衣橱”的基础上。

记得去年为一位客户做衣橱搭配服务，虽然是冬季，但那天的阳光非常温暖。这位客户裹着大棉袄来楼下接我，乘电梯时一边比画着手势一边用夸张的语气说:“衣服已经全部分好类，床上地上沙发上都堆满了。这还只是一季的衣服。若不是这次做衣橱搭配，我都不知道衣橱的角落里藏了那么多还未剪掉吊牌的衣服。”

在帮她搭配时我发现，她的衣橱中几乎所有风格的服装都有。其实也可以理解，因为她的形象条件非常好，168 厘米的个子，体型匀称，鲜明大气的五官非常有辨识度，举手投足间散发出十足的自信和气场。

勇于尝试的性格让她只要看到令自己心动的衣服都会买回来。但也正因如此，她在众多看似“都能够驾驭”的服装中找不到自己的形象方向，看似追赶潮流，却已经迷失在潮流中。

我用了两天的时间帮她梳理衣橱和搭配。有趣的是，在帮她淘汰衣服的时候，总会听到这样的意见：“这件是去年特别流行的款式。”“这件很贵，我还没有穿几次呢。”“这件也要扔吗？这件穿起来很显年轻。”……当然，这是个需要慢慢接受的过程。

在为她做了风格定位后，我将衣服一件件搭配、一件件取舍、一件件寻找它们适合的位置。她对着镜子试穿着搭配好的衣服，我静静地欣赏她每试完一套都像孩子一样的感叹和喜悦，安慰着她因为一件简洁的衣服变换出来的多种搭配而后悔自己曾经的试错和浪费，倾听她描述一些衣服背后的故事和情感……最后她感慨说：“原来最丰富的搭配都出自那些看似简洁的衣服。”

拥有太多，是会错过太多的。其实我们需要的并不多，经典而不焦虑的衣橱配比应该是：70% 的基础单品 +20% 的配饰 +10% 的特别单品。

6

基础单品，衣橱中的主力军

每次在品读杂志中那些“一周穿搭”和“一月穿搭”中关于一件服装的多种搭配时，内心总是愉悦的。一件衣服被如此郑重对待，让它在不同场合中展现不同的生命力，是真正让衣服和人相融合。而这样的衣服就是我们衣橱里的主力军——基础单品。

在穿搭美学课程中，当我提到基础单品或者展示它们的图片时，总有这样一些声音：“这些衣服看起来好普通啊。”“它们一定不会吸引我，毫无特色。”“将这样的衣服组合起来，会不会看起来不起眼呢……”我特别能理解她们的顾虑，因为这样的衣服陈列在那儿的确其貌不扬，我们的兴趣大多会被华丽且极具设计感的东西所吸引。但我始终相信简单的力量，就像达·芬奇所说的：简单是终极的复杂。况且，让衣服不同的不应该是衣服本身，而是我们自身的风格和穿搭灵感赋予衣服的意义。

在建立衣橱里面的基础单品前，或者在购买这些衣服的时候，一定要问自己以下三个问题：

● 这件衣服是否能和衣橱里现有的单品组合成 3~5 套不同的搭配？

● 这件衣服是否可以令你从容地出席 3~5 种场合？

●这件衣服是否可以使你看起来得体讲究，不像在流行中随波逐流的样子？

基础单品是所有搭配的基础。尤其是当你想成为一个精致优雅的女人时，它们会体现你独到的审美，它们会让你摆脱流行的束缚，它们会激发你的穿搭灵感，它们同样也会绽放自己丰富的生命力。

既然这么美好，我们就一起来认识一下它们吧：

你需要很多件衬衫

衬衫，是我衣橱里最多的一款单品，不仅因为它横穿四季，百搭百新，最重要的是它有一种莫名的治愈感。无论是不羁的牛仔裤、优雅的摆裙、硬派的阔腿裤、迷人的小黑裙，还是学院风的背带裤，都会因为穿上衬衫而容光焕发，平添许多活力。衬衫更像一种精神，坚而不厉，柔而不娇，媚而不俗，朝气蓬勃，心无旁骛，又智慧又烟火。

遗憾的是，衬衫总被很多人归为职业装，总是被人误解。我的很多客户在听我说出一定要有衬衫单品时，往往不假思索地回答：太正式了吧。它会带来像上战场一般的气势和独立精神。即使不在办公大楼，人们也会被大步流星走在街头的衬衫女郎所震撼。

穿上它，女人会一改柔弱的形象。它自带一种风格，勇敢的、独立的、广阔的、包容的、不容侵犯的……难道女人不应该有这样的一面吗？

打开影视库，奥黛丽·赫本在角色中对衬衫的搭配和小细节的处理，风格不一，足以令我们欣赏和借鉴。在拍摄《罗马假日》这部电影时，服装设计师伊迪丝·海德只设计了公主的三款礼服，是赫本建议给公主再设计一种平民风格的服装。于是我们才能看到现在片中公主私自外出后的那套白衬衫搭配高腰摆裙的装扮，在亲切的风格中透着一股果敢。

在一期穿搭课堂上，有位女士后来被大家称为“衬衫女王”。在她脱下那些不适合自己的层层叠叠的设计款衣服，穿上一件件简约的衬衫，搭配恰到好处的饰品后，她的样子就这样被大家刻在了脑子里。她干净利索的短发，坚定有力的眼神，举止飒爽，笑容直率，与衬衫搭配时完全融为一体。当你穿对一件衣服的时候，别人看到的已经不是衣服本身，而是你周身散发出来的那种和谐而融洽的美。

白色衬衫、蓝色衬衫、黑色衬衫、酒红或者灰粉色系衬衫、牛仔衬衫、条纹衬衫，这几款花色是衬衫的必备款，

它们可以和你衣橱里任意一件下装搭配。黑色和白色是无法复制的经典色，而蓝色和条纹是理性花色的首选，酒红色和灰粉色的女性气息会让衬衫变得娴静，牛仔衬衫会带来放松和休闲感。

在不知如何搭配的情况下，选择衬衫能使你轻松成为具有穿衣品味的女人。

衬衫搭配裙装时，如果是在较正式的场合，可以搭配端庄优雅的铅笔裙来体现身份感；如果是日常搭配，想要穿出亲切柔和感，可以搭配摆裙，使干练与温柔相平衡，打造典雅纯真的形象。

搭配裤装的时候，可以加入“休闲元素”和“色彩”来增加生活气息和趣味性。衬衫与牛仔裤搭配，能给人轻松自在的感觉；衬衫搭配阔腿裤，这两种风格相近的单品在一起，会增强帅气有型、潇洒自如的印象；衬衫与烟管裤搭配，利落干练，是极具行动力的组合。

在选择衬衫时，有两个细节需要特别留心：

●如果是正常板型，建议选择比自己尺码大一码的衬衫，这样可以通过小细节的变化带来惊喜，否则你只能穿出职场中制服的样子；

●领型很重要，直线条的尖领子和方领子会有大气精干之感。穿搭的时候，可以将扣子开到第三颗的位置，也可以扣上所有的扣子，然后在最上面一颗上点缀一枚胸针；而线条柔和的圆领衬衫会让人感到高雅灵秀，提升好感度。

如今躺在我的衣橱里的衬衫有18件，它们横穿四季和我的所有场合。讲课的时候，为客户做形象咨询的时候，演讲的时候，旅行的时候，和家人团

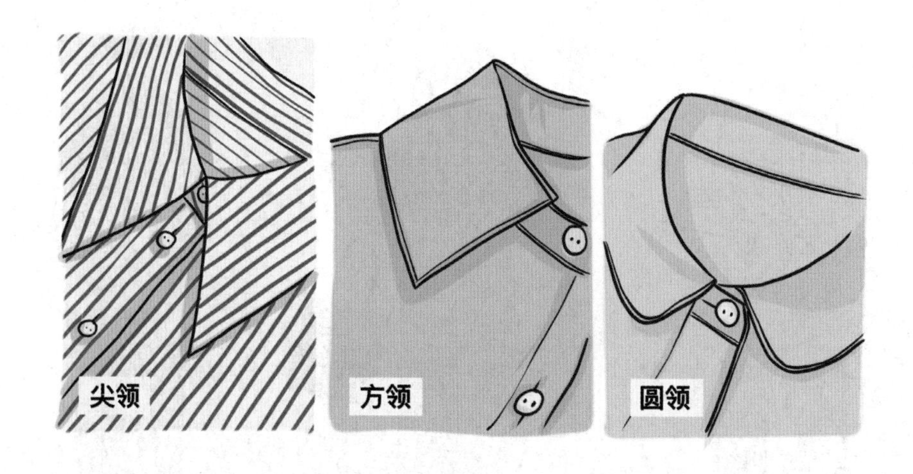

聚的时候，与闺蜜吃下午茶的时候，参加亲子活动的时候，出席晚宴的时候，去朋友家做客的时候…… 每一次都令我坦然放松，自信满满。

时尚少不了西装

在很多西方的老电影中，总有这样的一些场景：无论是年华垂暮的老人，还是风华正茂的年轻人；无论是全职居家的主妇，还是事业有成的女强人；无论是和朋友喝悠闲的下午茶，还是带孩子去看画展，都有人身穿西装，或配碎花裙，或脚踩平底鞋，或系上一条鲜艳的丝巾……

电影《恋恋笔记本》中身穿红色西装套裙的老年艾丽，虽然失去了记忆，并且身处养老院，但却不失精致，红色西装和珍珠项链令她看上去浪漫又独立。谁不想精致到老呢？但美感的建立需要从现在开始，它是一辈子的事情。

根据电影《恋恋笔记本》创作

西装是基础款里面表现力极强的一款单品。男装的出身让它富有力量感的同时，也如衬衫般被大多数人纳入职业装的范畴，起初也是客户最难接受的服装。

在帮一位女士做形象咨询时，我根据她衣橱里服装的配比和平日的环境，为她推荐了三款西装。她睁大眼睛疑惑地说道：“我并不是职业女性，我的日常就是经营家庭和带孩子呀。”“可是你每周都会带孩子看画展或者参加艺术类沙龙，对吗？”她点点头。

西装是一件很有格调的单品，它拥有很强的线条感，这会让它在搭配任意下装时起到收敛的作用，并且是风格塑造的筋骨。想想看，美术馆里，一位身穿西装和灰粉色摆裙的妈妈在欣赏画作，身边站着一个乖巧安静的孩子。这是多么有气质感的画面呀！西装搭配摆裙，庄重又优雅。听完我的描述，她欣然接受了西装的建议。

服装会影响一个人在某种环境下的气质。当你处在一个场景中，低头看看自己的服装，或听听别人的赞美，想想你希望你的服装仅仅是漂亮，还是希望优雅、得体、讲究、魅力等这些源自内在的词语会多一些呢？再打开衣橱看看，代表这类品质的衣服又有多少呢？

西装的两种廓型都值得拥有。一种是直线型，一种是 X 型的收腰西装。前者没有特别凸显女性的身体特征，能打造更具现代感的中性形象，端庄时尚；而后者则能散发女性气息，凸显纤细的腰线，柔和唯美。当我想穿出洒脱休闲感时，会选择直线条的西装来搭配牛仔裤，卷起袖子和裤脚，再配一顶海军帽。仅仅是穿上它们，就好像已经能够呼吸到自由自在的气息；如果是赶赴一场美丽的约会，那我一定会选择收腰的曲线款西装，搭配一条浪漫的纱质大摆裙，配饰上一定要有丝巾或者珍珠，这样的穿搭灵感完全来自芭蕾舞女孩那在舞台上飘起的白色纱裙……

在细节方面，领型的选择不可忽视。宽大的领型更适合大气开阔的面部风格和内在气质，而窄的领型则十分轻快，更具年轻和聪慧感。一位朋友在商务演讲前发来她身穿西装的照片让我给出建议，照片中那件深蓝色的西装很合体，搭配也十分精巧，唯一不足的是，小巧圆润的青果领让她看上去更像是日常工作的样子。而她需要站在上千人面前演讲，演说内容涉及数据、专业理论、剖析、评估、预测……这每一条都需要一个看起来理性庄重、果敢权威的人来表述。于是我建议她换一款宽阔直挺领型和 8 分袖长的西装，试完后她发来信息：“细节的力量果然不容忽视。”细节最容易被忽视，却也是最能够打动人的。

我的衣橱里除了衬衫，就数西装最多。颜色从沉稳庄重的黑色、深蓝色和炭灰色，到平和雅致的灰粉、雾霾蓝和燕麦色，再到清雅的乳白和薰衣草紫；面料从混纺、丝绒、毛呢到丝绸；款式则有长有短，短的搭配半裙和阔腿裤，长款外面可以系一条腰带，时尚又独立。

无论什么场合，穿上西装的时候，总有一股自信的底气，让你不由自主昂起头来。

温和谦逊的开襟毛衫

它常被说成是“奶奶衫”，但只要为它精心打扮一番，一定会发现它血统里的高贵。它诞生于维多利亚时代的英国骑兵卡迪根（Cardigan）伯爵，他和他的骑兵们在战场上将开襟毛衫穿在军装里面以便御寒。他有一张骑着战马、身穿镶金边开襟衫的肖像画，看上去英勇又绅士。后来，人们为了纪念卡迪根伯爵而将开襟毛衫用他的封号 Cardigan 来称呼，现在我们习惯性称之为“开襟毛衫”。

有着皇室血统的开襟毛衫是很多经典电影中最常出现的服装：海边的野餐布上，半躺着穿着开襟毛衫和吊带长裙、看着孩子们嬉戏的妈妈；窗边的单人沙发上，坐着穿着高领毛衣外搭开襟毛衫、手捧一本书的绅士；还有搭配铅笔裙招待客人的女主人……这些角色都因为有了开襟毛衫而显得温和、平静、高贵、谦逊、端庄。

在穿搭课堂的实操搭配环节，陈列的所有单品中，开襟毛衫总会被忽略在角落。也许它看上去软绵绵少了点筋骨，但当它和阔腿裤在一起时，会有一种亦柔美亦中性的矛盾感，能在不经意间提升穿搭气场；和烟管裤一起穿，则可以走进职场；搭配铅笔裙，则优雅知性，我看过一张奥黛丽·赫本穿着白衬衫、黑色开襟毛衫和铅笔裙的照片，看起来既放松又精神；当然，风格最一致的搭配就属摆裙了，

无论是连衣裙还是半裙，总有一种温雅田园的女人味；你还可以将它当做披肩，用于度假的路上或者空调房里，增加搭配层次感的同时又能保暖。

建议选择纯色无图案的开襟毛衫。即便带图案，也最好是条纹，因为花哨的图案会令它看上去无比老气。尝试选择黑色、灰色、白色、藏蓝色、卡其色和复古的绿色、酒红色，这几款颜色让开襟毛衫保守住了应有的斯文和平和。

在一次课堂上，我将一件卡其色开襟毛衫、一条黑色阔腿裤和一件白色衬衫递给一位女士，她迟疑了一会儿还是去换了衣服。当我用一条纤细的腰带系在开襟毛衫外，为她卷出白衬衫的袖子，再戴上一副玳瑁色方框眼镜时，她对着镜子看了又看，说："这样的话，开襟毛衫就不只是买菜的时候穿了，我还可以穿成这样去上班呢……"

如果你读懂了开襟毛衫，就会知道为什么那些皇室贵族都如此青睐于它。比如英国女王伊丽莎白二世在一些活动现场，脱去皇室套装，穿起蓝色的开襟毛衫和宽百褶裙时的亲切温暖。比如公认衣品超凡的摩洛哥王妃格蕾丝·凯莉，时常都穿着开襟毛衫来彰显端庄的仪表。她穿得最多的是文静的圆领，不管是披在肩上还是搭配衬衫，都能凸显她高贵的气质。这些都是开襟毛衫的精彩之处。

经典不败的小黑裙

一说到经典款服装，很多人都会脱口而出“小黑裙”。的确，从香奈儿小姐设计第一款小黑裙开始，人们陆续将许多小黑裙的精彩瞬间记在了心里。在《蒂凡尼的早餐》中，纪梵希为奥黛丽·赫本设计的那条小黑裙被无数人奉为经典，令小黑裙真正名垂青史。杰奎琳·肯尼迪身穿H型及膝小黑裙的样子，也让人们记住了她的知性和智慧。温莎公爵夫人更是喜爱收藏各种小黑裙，但她一定会运用珠宝为小黑裙增添华光。

经过近百年时光的沉淀，小黑裙从只会在葬礼场合出现到如今人手至少一件。它有着很强的实用性和可塑性，让穿着的人既可以知性得体地上班，也可以优雅地出入正式宴会。

在一次丝巾搭配课堂上，我运用丝巾和其他配饰，使一件小黑裙呈现出了14种造型。而这14种造型的基础，就是一件简约、过膝、中袖、无图案、无装饰物、宽松度恰好的小黑裙。

小黑裙是将整个身体都围裹在一起的款式，不如分体的上下装组合起来的错视效果显著，所以外轮廓的选择很重要。

不刻意强调腰部曲线的 H 型，能弱化肩、腰、臀之间的差异，挺括简洁，轻松知性。这种廓形的小黑裙更适合具有典雅气质的女性，面部轮廓线条偏直线感，有一种都市女性的端庄和知性；或者以直线型为主、很少有丰满感的体型。建议普通身型的女性在选择 H 型小黑裙时，配一条腰带来划分身材比例，提高腰线，在视觉上拉长下半身的长度。

束腰、放大裙摆的 X 型是充分展现和强调女性魅力的廓型。在被称为“美好时代”的 20 世纪 50 年代，Dior 的 New Look 风格代表作就是 X 廓型的连衣裙，优雅浪漫，唯美高贵。如果你拥有近乎完美的身型，选择这种廓型的小黑裙能将你身型的优点表达得淋漓尽致；如果你上身较瘦，下身丰满，那阔摆的裙子也能起到遮盖的作用。

选择一条得心应手的小黑裙不仅要考虑它单独穿着的样子，更应该同时思索它和其他单品的组合效果。当一条小黑裙独立出现时，我会根据场合、心情和穿搭灵感来为它挑选不同的配饰，所以就有了上文中提到的小黑裙的 14 种造型。记得在一次诗歌朗诵的沙龙上，我在小黑裙外面穿了一件

经典款的白衬衫，将衬衫下摆打出漂亮的赫本结，挽起衬衫袖子到小臂中间的位置，并在衬衫领子的一角别了一枚灵动的雪花珍珠胸针。当我随着诗歌韵律的起伏朗诵时，衬衫的赫本结和胸针就好像是我的节拍器。我还会在讲课时为小黑裙搭配一件挺括的西装，经典和经典的叠加总会碰撞出意想不到的火花。当然你还可以为它搭配小皮衣、牛仔衣和开襟毛衫。每一次单品与单品之间的碰撞，请带上你的心，赋予它们新的生命。

选择一条能够让你变得自信又拥有一点神秘感的小黑裙吧，让它在平淡的生活中为你带来低调的张扬。

永远不会出错的衬衫裙

我曾看过这样一张照片：在美术馆的一张画作前，一位妈妈带着女儿一前一后地认真欣赏着，她们都穿了天蓝色的衬衫裙——小女孩的裙长及膝，头发用一条细细的白色丝带扎起来；而妈妈的裙长超过膝盖到小腿中间，搭配了黑色帽子、黑色鞋子和黑色包包，整体的着装和姿态令她看上去沉稳知性。在穿搭美学的第一节课上，我总会拿出这张照片，和学员们一同探讨这个安静的画面带给我们的思考。

衬衫裙就是这样一件看似普通却又有点特别的单品，可以横跨少女时代到暮年时光，可以兼具休闲时光到正式场合，可以穿越春夏秋冬四季的光阴。在任何时候，你都不会因为穿着一件衬衫裙而遭到旁人的挑剔——除非你的裙长很短。

在一些课堂上，我常选择用衬衫裙来表达专业性并提升好感度。记得有一次为三位远道而来的客户做形象课程，前一晚我挑选了一款裸粉色衬衫裙，搭配了珍珠耳饰和单颗珍珠项链。那天的课程氛围仿佛也因细腻温柔的裸粉色而无比放松，但衬衫裙上半身的款式却又传递出了正式和恰到好处的权威感。这条衬衫裙还曾经出现在小型晚宴上，用丝巾为它做了肩头花造型，并搭配了水晶质地的耳饰和一个黑色的手包。说到这里你大概也清楚了衬衫裙在衣橱里的地位，它是一款永远不会出错的单品，并会为你的形象带去无声的助益。

细数下来，衬衫裙是我衣橱里数量仅次于衬衫的单品。我有一件天蓝色的衬衫裙，很大的下摆，系起腰带后，裙摆的腰部会被扎出细细碎碎的小褶子，很俏皮，但丝毫不会影响整体的优雅感。扣子从领口一扣到底，每次穿起它的时候，最喜欢的就是一粒一粒慢慢扣上扣子的过程。这个时候我一定会放着音乐，享受手指和扣子触碰的奇妙感受，我的心情也会在此刻变得放松平静。这是我出门上课前调整心情的秘方。

还有一条驼色纯棉质地的衬衫裙，我愿将它形容为一本好书。太过匆忙浮躁的心情无法读懂这本好书，它的深意需要慢慢品味才能领略。驼色是最容易被人拒之门外的颜色。关于驼色，我听到最多的声音就是：我的肤色发黄，驼色会令我的肤色看上去更加无

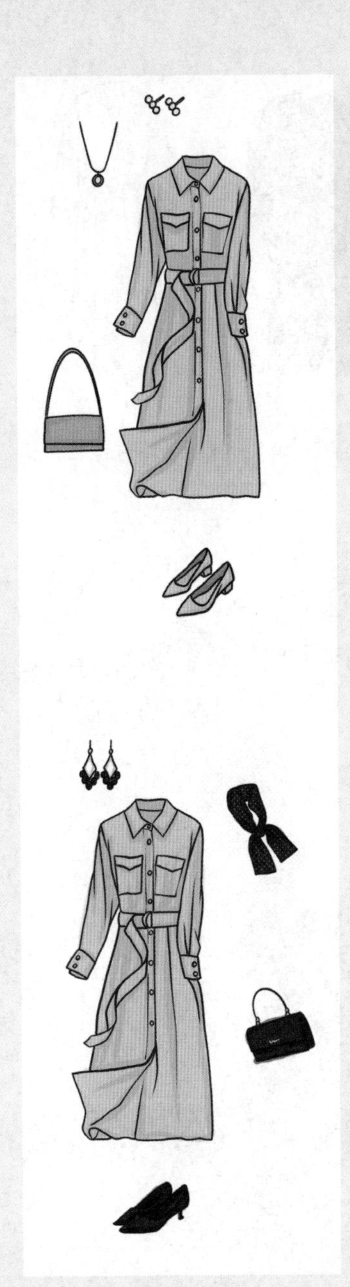

精打采。如果我们在穿衣服的时候总有很多这样的担心，那一定会失去太多感受色彩的能力和尝试不同颜色带给我们惊喜的机会。驼色其实是搭配中最令人放心的底色，它源自包容的大地色系。这款衬衫裙的领型是中山领，看起来有点老派，但也会给人不容置疑的踏实感。它是H型的直身款，特别适合职场女士，因为它的款式就表达出了分寸感。

黑色衬衫裙是利用率最高的一条，只要随手拿出一件配饰，就可以将它点缀得无比出彩。印象最深的是在一次年度分享大会上，我用一件红底白波点的衬衫套穿在黑色衬衫裙外面，翻出黑色的领子，卷起黑色的袖子，再将红白波点衬衫下摆打结收到衬衫里面，用短款珍珠项链和长款珍珠耳饰来呼应波点的白。看到那天站在聚光灯下的照片，色彩层次上的鲜明对比，很有舞台感但却因为都是衬衫款而一点也不喧嚣，反倒有一种得体的时尚。

我还有一条暗紫色和黑色相间的竖条纹衬衫裙，一条深灰色风衣款衬衫裙，一条燕尾领的芥末黄衬衫裙、一条奶白色格纹衬衫裙、

一条茧型白色粗布衬衫裙、一条藏蓝色中性感的衬衫裙……我想，未来还会有更多的衬衫裙走进我的衣橱，但每一条我都会让它绽放出至少五种造型的生命力，所有带回家的衣服都经过深思熟虑，才能有更长久的爱。

在这个不缺新衣的年代，有态度和有生命力的衣服更能令我们感受到穿搭的意义，这不是一件时髦个性或昂贵奢侈的衣服所能代替的。穿衣，终究不是一件仅关于外在的事情。

7

被时光吻过的图案

图案，是我们选择服装的一个重要考量点。我见过不少衣橱，里面大多数衣服全是各种风格迥异的图案，形形色色，令人眼花缭乱。很多女士将穿搭的美都依托在服装的图案上，总觉得纯色单品寡淡普通，无法穿出精彩。

其实，一个好的衣橱是由 80% 的纯色单品和 20% 的图案款组成的，而这 20% 的图案应大多以经典图案为主。所谓经典，就是在漫长的时间里被沉淀下来的、带着精神和生命力的东西，是经得起考验的美。如同前面写到的经典单品一样，图案也是有经典的。格纹、条纹、波点和花朵这四种图案就属于经典，值得每个人收藏。

格纹

格纹总带有一些贵族气息，这大概由于它常常被英国王室成员穿在身上。它有着英式风格，对英国人来说是一种情怀。

苏格兰格纹

在格纹中，最著名的要属苏格兰格纹。博柏利（Burberry）的经典格纹，就是苏格兰格纹，这个百年奢侈品牌将苏格兰格纹推向了全世界，成为英伦风格的象征。

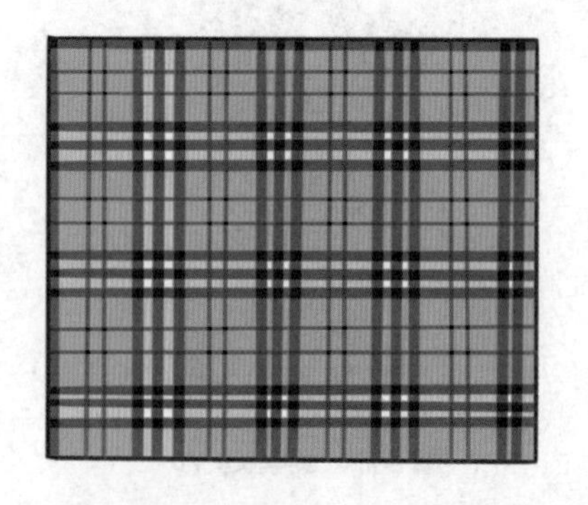

苏格兰格纹也曾被用于英国牛津、剑桥等著名学府学生的日常装扮，因此也就有了学院的风格。

如今，将苏格兰格纹穿在身上会有一种英式的、学院的、传统的、含蓄的、低调的、严谨的、优雅的味道，这与它的历史不可分割。它被认为是一部大英帝国的历史，象征着英国人英勇、无畏、坚强的优良品质。

苏格兰格纹的图案分布复杂、线条粗细不一，在搭配上一定要避免过于休闲和松弛，细节一定要精致。

威尔士亲王格

它由深色和浅色两种线材交织而成，加上一层灰色调，很有书卷气息。它大气、复古、中性，是无论男士还是女士都会为之青睐的格纹图案。这个由温莎公爵引领的时尚元素挺拔而沉稳，温文尔雅却又不失气场。

威尔士亲王格大多出现在西装和大衣上，尤其是西装。威尔士亲王格西装是值得人手一件的必备单品，无论是在职场中出席正式场合，还是搭配 T 恤牛仔裤悠闲地走在街头，都能穿出它与生俱来的格调。就像温莎公爵本人一样，他不喜欢总是规规矩矩地穿着，而是变着花样与其他单品混搭。

维希格纹

维希格纹最初来自法国的一个叫做维希（Vichy）的小镇，如今它被称作维希格纹也是源于法语的Vichy。因此，它总是带着一丝浪漫的法式风情。它也是奥黛丽·赫本最钟爱的一种格纹。

它以白色为底调，将相同颜色、粗细的横竖条纹等距离叠加，形成一个个正方形。它也叫餐桌布格，就是我们野餐布常用到的格纹。最常见的是黑白、红白和蓝白，精致、清新、干净，是格纹里很减龄的一种，极具度假感。

维希格纹属于小清新风，五官身型都很大气的女士，一定要减少格纹的面积，用适合自己的纯色单品与之平衡，以减少不和谐感。

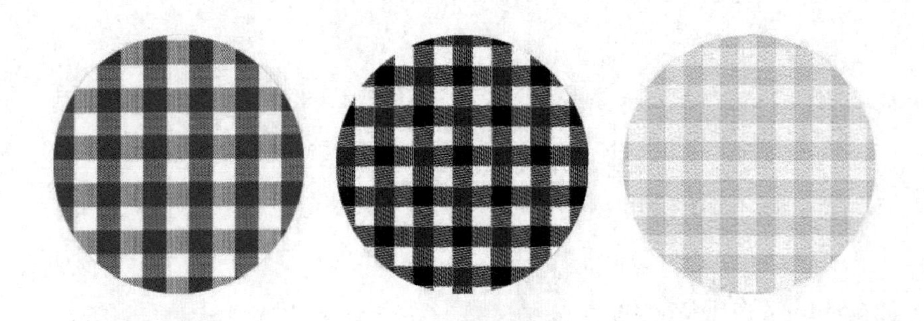

波点

波点，每次念出这两个字，上下嘴唇轻轻触碰，就像在轻轻地跳舞，令人心生愉悦。

波点的原名叫波尔卡圆点，据说源于东欧的一种小步舞蹈。怪不得每次穿起波点的衣服，总会觉得心情很好。如果说格纹图案给人一种沉稳的、中性的、硬朗的感觉，那么波点就是活泼的、柔和的、女性化的。大波点复古大气，小波点秀气轻松。

波点的可搭配度很高，几乎不挑风格。但需要注意的是，如果你的风格大气、五官和身型都很有张力，建议选择大波点；如果你的风格轻柔、五官身型小巧，小波点会更适合你。当然更多的波点是不大不小比较适中的尺寸，这样的波点适合每个人。

小波点

大波点

适中大小

条纹

提起条纹总能想到海魂衫，提起海魂衫，又总能想起可可·香奈儿女士的那张照片——身穿条纹 T 恤和阔腿裤，双手插兜，笑容满面地看向远方。那套装扮是香奈儿在 1917 年用条纹元素打造的度假系列。

曾经在一本美学书中看到这样的观点：在我们的视觉经验中，垂直线总会让我们感到上升、高大、威严，比如耸立的高楼大厦、高大的杉树、巍峨的山峦尖峰；水平线则让人联想到地平线、一望无际的平原、风平浪静的大海，因而会产生开阔、徐缓、平静等感受。这多像横条纹和竖条纹带来的视觉效果！横条纹里总有一种洒脱自由的平和感，很适合作为度假穿搭里的休闲元素；而竖条纹相比之下多了一些硬朗和力量，是职场中的必备。

条纹的宽窄也有不一样的感觉。细条纹斯文、细腻、轻盈，视觉上更有收缩效果，比粗条纹更显瘦一些；粗条纹视觉感更强烈，显得大气、硬朗。

黑白色条纹经典百搭，是衣橱里的必备元素；彩色条纹更活泼有趣，在衣橱里已经有 1~2 件黑白条纹后，不妨添一件彩色 T 恤，首选红白色或者蓝白色条纹。

花朵

《迪奥的时尚笔记》中写道："花朵是除了女人之外上帝给世界的另一种可爱的存在，甜蜜迷人的花朵们必须精心地加以使用。"花朵图案是时尚界毋庸置疑的经典元素之一。女人将花朵穿在身上，无关年龄，也无关四季，那就是女人该有的样子，浪漫且充满生命力。

但是花朵图案的衣服并没有想象中那么好穿。风格大气、知性、中性感的女士，建议选择稍大一些的花形，并且排列稀疏，因为花朵太繁复密集会让人眼花缭乱，反而失去美感；风格轻盈、小巧、柔和的女士，宜选择稀疏且偏小的花形，图案太大容易压个子。

花朵图案原本就有膨胀感，因此在选择款式的时候应尽可能选择 V 领和没有其他多余设计的款式，或者在搭配时用纯色单品来平衡。

从来没穿过花朵图案的女士，可以尝试从半裙穿起，用纯色简约上衣来搭配，使花朵图案远离面部，或者选择花朵配饰来点缀。毕竟花朵是表达亲和力和柔美感的很不错的元素。

如果想将优美的花朵图案穿出精致高级的样子，建议学会一个法则——搭配中性单品，弱化女人味。

用花裙子搭配牛仔衣、西装、小皮衣、衬衫；

用花朵上衣搭配牛仔裤、烟管裤和阔腿裤等。

这样的搭配摒弃了过多的甜腻和女人味，而平添了一些帅气感，风格平衡很重要。

有一天为女士们分享穿搭美学，我穿了一件白色衬衫和灰色 A 字裙。由于裙子上印了几朵温柔的小雏菊，就选了一款小雏菊耳饰来呼应它，清清浅浅温温柔柔，雀雀跃跃灵灵动动。于是那天的课程也从小雏菊的故事开始，学员们都说就像赶赴一场美丽的约会。

每每看到花朵总有一种感受，无论是花好月圆还是兵荒马乱，都能够安享眼前的风景。和花在一起，人也会绽放。

8

配饰中的从容之美

美，是一个整体，但它却是由点点滴滴的细节严丝合缝地组成。没有任何一种美是单一的，就如同衣服离不开配饰，风格离不开性情，气质离不开你所经历的事、看过的书和听过的音乐。

当衣服令人感觉寡淡，一枚小小的配饰就会探出头俏皮地说："风景也在别处哦。"是啊，如果没有配饰，衣服会少了多少乐趣！若你的首饰盒里琳琅满目，就能让一件衣服的生命充满多种可能。

你有没有试过为一件穿过无数次的衬衫别上一枚胸针？为一条喜爱了很久的裙子披上一条丝巾？为总是陪伴你走进职场的西装戴上一条项链？渐渐地，那些配饰会成为你身体的一部分，它们是优雅的语言。

我认识一位女士，她特别喜欢穿着宽松廓型、亲肤质感的衣服，色彩上总是浅淡素雅，但耳畔总会点缀各类有趣的耳饰，有时是温柔明媚的花朵，有时是时尚硬朗的金属耳饰，有时是发梢里若隐若现的古典耳饰，每一种美都在属于她自己的风格里，但每一种又都彼此不同。所以，配饰在很多时候也会变成我们的风格。

配饰还能在不同场合给我们带来不一样的心情和底气。我喜欢在度假的时候选择花朵图案的配饰，它们随风飘起或者伴着我步伐的韵律起舞的时候，心情也会乐开了花；我喜欢在职场中表达权威感的时候用经典的马匹和金属图案配饰，它们与生俱来的力量感能为穿搭塑造态度和筋骨感；走进大自然的时候，我常会选择绿色调的配饰，那会让我感到真正融入了绿水青山的怀抱里。

耳饰

如果你想拥有低调的时尚，推荐你选择耳饰来搭配服装。它们摇曳在耳畔，会在举手投足间为你带来快乐，和你说着悄悄话。

干净唯美的珍珠耳饰是首饰盒里必不可少的元素。如果不知道该佩戴怎样的耳饰时，我首先会推荐你选珍珠，它能帮助你提亮肤色，令你感到像精心打扮过一样得体精致。无论是戴着

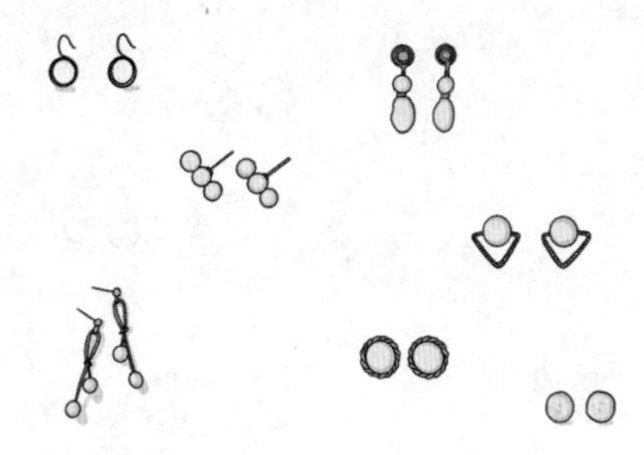

它赶赴美丽的约会、走进效率感的职场、去远方度假、参加孩子的家长会，或者是居家休息，耳边都可以有珍珠耳饰的陪伴。女人和珍珠总是浑然天成。

金属质地的几何图案耳饰，看起来就是很有态度的样子，戴上它们也会不由自主有一股自由洒脱之态。记得用简约的服装来搭配它，让它成为整体造型的重点，充分表达你的心情和态度。

夸张造型的耳饰也值得拥有一些，不需要太多，因为它们可能不会出现在你日常的搭配中。但在度假、酒会和节日穿搭中一定会用到。它们会为你带来惊喜，陪伴你度过热闹时光里一些有趣的时刻。

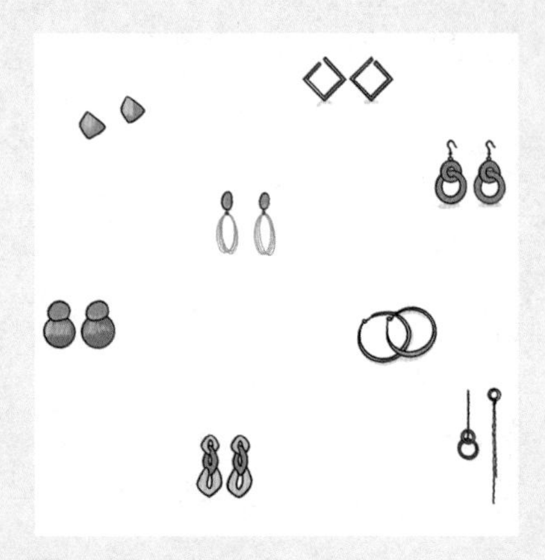

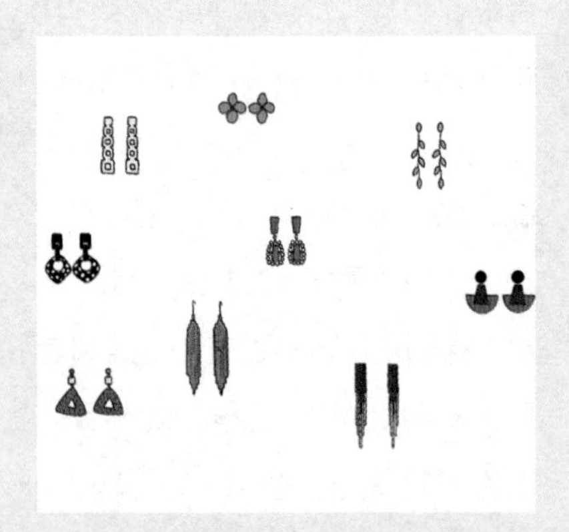

在选择耳饰的时候，应先判断一下自己的脸型。若你是标准的方型脸，建议不要选择同样是方形的耳饰，可以选择有曲线弧度的款式，比如圆形、椭圆形、水滴形等；若你是标准的圆型脸，建议你选择有线条延伸感的耳饰，不要选择同属圆形的款式；若你的脸型特别长，应避免选择长线条款的耳饰，可以选择耳钉或者短款耳饰来佩戴。

但这些不是选择耳饰的最终标准。搭配看的是整体，只要我们学会以整体思路来塑造形象，脸型是不会成为限制的。

胸针

胸针是一款无比经典的配饰，它是岁月沉淀下来的一份精致。只要它出现在衣服上，总能营造一种身份感，一种端庄大气的美，和一种独立气质。

你可以将胸针别在针织衫上，为它的书卷气带去浪漫；你可以将它点缀在高领毛衣的领子上，让它在高处生出一股盎然神采；还可以别在西装上，让职场中的形象散发几许柔情；如果恰好有一对同样的胸针，不妨在衬衫领角处各点缀一枚，衬衫就好像变成了一件新的一样。

当围巾不那么听话总要掉下来时，当帽子上有些单调时，当包包的颜色有点沉重时，当珍珠项链想要变换造型时，当小黑裙的腰部需要一些特别设计时，都可以用一枚胸针来点缀，它会令所有的造型有趣又文雅。

还记得有一晚，我在为第二天的大型课程准备服装，从衣柜里拿出黑色衬衫和红色西装，搭配烟管裤和船型鞋，站在镜子前却发觉少了一点灵动和隆重感，于是拿出一枚珍珠款胸针别在衬衫领子中间，顿时通身有了底气和重点。当你想要通过着装展示沉稳和胆识时，记得让胸针出场，它就是有这份魄力。

项链

在所有的项链中，我最喜欢珍珠项链，虽然它总被认为是很老气的一款饰品。当然，我在少女时代也一度有这样的误解。但我想这就是珍珠的魅力——越年轻的生命、越少的阅历、越单薄的审美，越是无法读懂珍珠的美。

如果你想感受珍珠项链的精彩，一定要运用“风格互补法”：不要用它来搭配女人味太重的服装，我喜欢用短款珍珠项链搭配衬衫和西装，甚至是 T 恤和牛仔，这种混搭会使柔美与干练平衡，碰撞出时尚气息。

70 厘米左右长度的长款珍珠项链能够变换出很多造型，无论是双层、三层、还是两股缠绕在一起，都能根据不同的服装做出相应的变化。

如果你想在简约的服装上让配饰来作为主角，还可以用短款珍珠项链和其他配饰叠戴，比如与金属细项链、丝巾等。

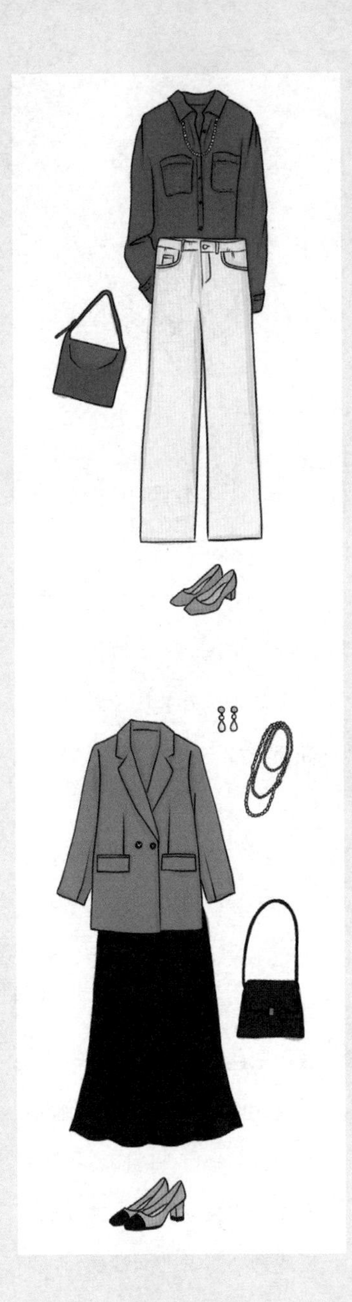

它们在一起会更有层次感，让搭配的视觉效果更丰富。

珍珠就像女人的温柔气质，它不挑年龄，只要你愿意尝试，无论多少岁，戴上它都能为穿搭带来灵气和品位，显得得体又不一般。愿你能重新认识珍珠项链，就像重新认识自己与美的关系一样。

最后一款配饰是丝巾。我太喜欢丝巾了，就为它来单独写一篇吧。

穿搭不是一条平行线，不是非此即彼，而是一种“平凡的艺术”，可以借由你之手，让衣服和配饰彼此和睦相处。小而美的饰物也是小确幸，没了它们，美就有了遗憾。很多时候，旧衣服因为一款配饰的点缀，就会让你重新爱上它。

9

丝巾，让我们回到女人的优雅状态

只要一系上丝巾，就能为搭配带来优雅感，这大概就是丝巾从 20 世纪至今一直被女人们奉为配饰瑰宝的原因吧。

记得很多年前有一次坐飞机，因为晚点只能在机舱内等候，看着空姐忙碌的身影，欣赏着她们精致的装扮和礼貌的举止。

忽然，我的视线落在她们颈间的丝巾上，脑海中冒出一连串疑问：为什么空姐可以将丝巾戴成自己的标识？为什么很多女士要对丝巾望而却步？为什么将这么优雅的饰品归结为“阿姨”专用？……从那以后，我便尝试着研究丝巾。

我喜欢丝巾还有一个原因，就是无论去什么场合，一条合适的丝巾都能为我的服装加分。丝巾是有语言的，不同色彩、不同图案、不同尺寸的丝巾搭配出来的角色感和场合感千差万别，妙趣横生。

一位客户曾经这样分享：“两年前邀请羽颜老师到我们企业为员工做礼仪培训，令我印象特别深刻的是，她穿了一件普通的白色西装套裙，系了一条酒红底色白色印花的丝巾，与西装的色彩过度和谐，一种得体精致的感觉迎面而来，与她讲课的内容巧妙交融，令人无比享受。从此我就爱上了丝巾，也找到羽颜老师向她学习，期待变得精致。”

我将这样的事情称为“丝巾带来的好运”。丝巾就像是一个精灵，带领我探索什么是永恒的美丽，帮助我找到经典的魅力，最重要的是，让我能够慢下来感受每一种材质的温度、每一种色彩的生命、每一种图案的语言、每一种系法的律动和每一种搭配的情感表达。

因为极度喜爱丝巾，我连续四年都在做独立的丝巾搭配课程。丝巾的来历、历史上的“丝巾美人”、丝巾的材质、丝巾的图案和色彩选择、丝巾的各种系法、丝巾和衣橱单品的搭配以及丝巾的场合运用，我都如痴如醉地享受着，享受丝巾赋予女性的优雅之美。

记得有一位客户曾打电话给我，说自己要参加学校为孩子举行的颁奖典礼，翻遍了衣橱却找不出一件适合这个场合的衣服，于是紧急求助。听她描述完场合、事件和时间后，我为她推荐了她衣橱里的静谧蓝针织衫和白色过膝摆裙。作为一个妈妈，传递出来的感觉应该是温柔、贤惠、美丽、亲切，需要匹配的服装也要传递出相应的风格，而这两件单品正好符合这样的风格。

但是出席孩子的颁奖典礼，若再能增加细节点来表达对这个场合的重视度那就再美妙不过了。于是，我让她搭配了一条灰粉色的丝巾，系成蝴蝶结造型放在肩头。丝巾的柔软和别致，瞬间让整套搭配有了不浓不淡的隆重感。后来看到她发来的照片，整套造型真是既柔美又得体。就是这样一条简单的丝巾，却准确地传递出一个女人的爱、温柔、尊重和祝福。可见，得体的着装不是花瓶的体现，而是一种力量。

丝巾是一种集实用性、百搭性和女人味为一体的配饰。实用性和百搭性体现在，它可以用于全身的搭配。例如，可以作为发带帮助我们打造少女感，可以和头发编在一起搭配一顶草帽去度假；可以搭配在服装的各个角落，如系在腰间做腰带和腰封，绑在手臂上或做表链；可以做成各种各样的衣服和裙子；可以和我们的鞋子系在一起提升时髦感；可以装饰包包、甚至可以用丝巾做成包包等。它一年四季都可以为我们的搭配添彩加分。

丝巾更是一款非常有女人味的饰品，这里的女人味不单纯是性感妩媚，也不单纯是柔美雅致，而是综合了女人所有的特质。在我们需要通过着装展示亲和力的时候，在我们需要通过着装展示力量感的时候、在我们需要通过着装传递浪漫的时候，在我们需要通过着装表达活泼快乐的时候，都可以用一条丝巾来完成。所以我将丝巾的特性总结为八个字：柔软之极，坚如磐石。正如女性一般。

丝巾的常用尺寸

最实用的丝巾尺寸和形状有：58 厘米 ×58 厘米的小方巾、70 厘米 ×70 厘米的小方巾、90 厘米 ×90 厘米的经典方巾、15 厘米 ×150 厘米左右的小长巾、8 厘米 ×80 厘米左右的短款领带丝巾和 6 厘米 ×200 厘米左右的长款领带丝巾。它们能很好地和我们春夏秋冬的服装搭配在一起，过大的丝巾只会让我们感到厚重、不方便。

丝巾的常用系法

常用且不挑人的丝巾系法有以下几种：

扫码看视频，
免费学习5种丝巾的系法

赫本结

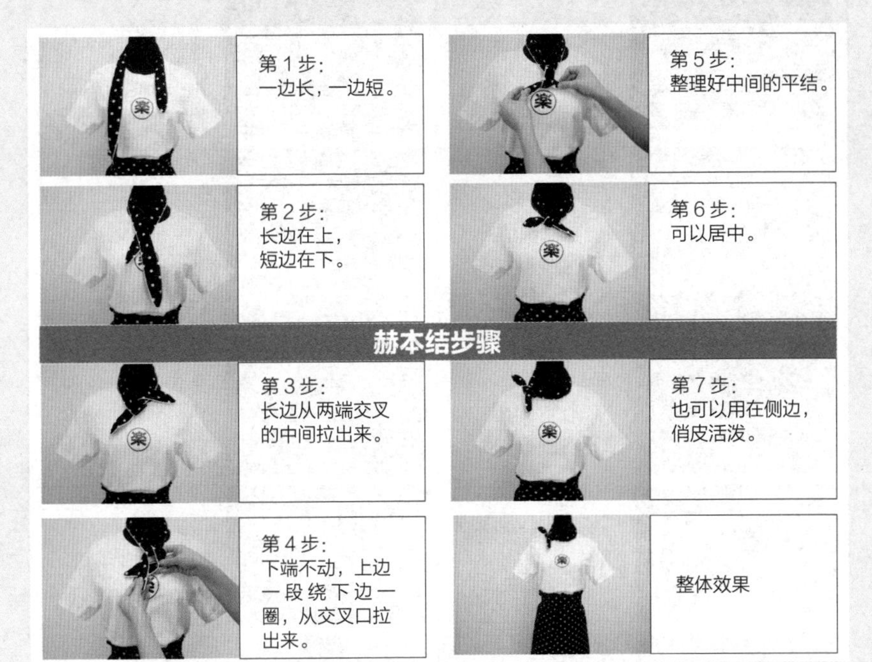

项链结

项链结步骤

第 1 步:
70 厘米 ×70 厘米小方巾反面朝上，对角折于丝巾中心。

第 2 步:
对角线两端继续对折。

第 3 步:
尽量将两端的宽度控制对称。

第 4 步:
继续对折。

第 5 步:
调整为约5厘米宽。

第 6 步:
最终对折成 5 厘米左右宽的长条状。

第 7 步:
在折好的长条状丝巾中间打一个结。

第 8 步:
将结调整至最中间位置。

第 9 步:
将结调整为三角形。

第 10 步:
在三角形结旁再打一个结。

第 11 步:
这个小结不用刻意调整为三角形，整齐即可。

第 12 步:
对应的另外一端也打一个结，调整对称。

第 13 步:
系于衬衫领口。注意侧边的两个小结要露出来，不要被领子挡住。

整体效果

珍珠丝巾链

第 1 步：
准备一条长 80 厘米左右的珍珠项链。

第 2 步：
准备一条长款领带丝巾（图中丝巾长 180 厘米）。

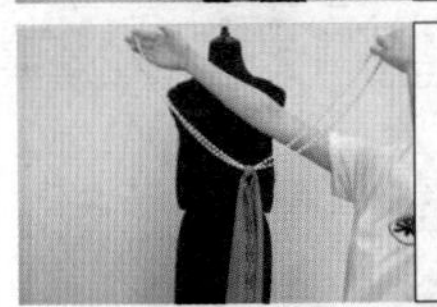

第 3 步：
用丝巾在珍珠项链最中间的位置打结。

第 7 步：
另外一端重复上面的步骤。

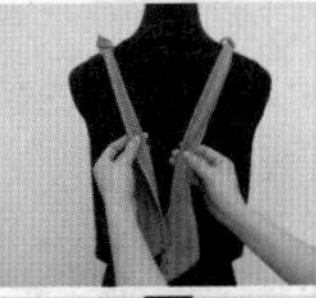

第 8 步：
从前绕到后面。

第 9 步：
上下交叉，上边一端从两端交叉的中间拉出来。

珍珠丝巾链步骤

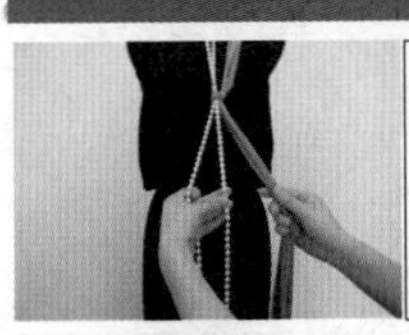

第 4 步：
把一端的丝巾和珍珠项链固定，将一端珍珠项链的两个边和丝巾编在一起。

第 5 步：
像编头发一样，均匀地编在一起。

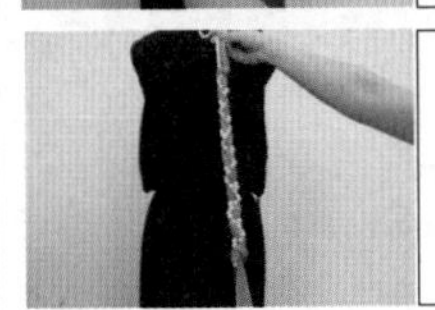

第 6 步：
最后和末端的珍珠项链打结固定。

第 10 步：
下面一端折起来，上面绕它一圈从中间孔里折起拉出。

第 11 步：
系成蝴蝶结。

整体效果

鱼尾结

鱼尾结步骤

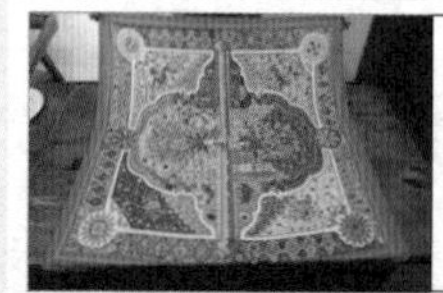

第 1 步：
准备一条 90 厘米 ×90 厘米经典方巾。

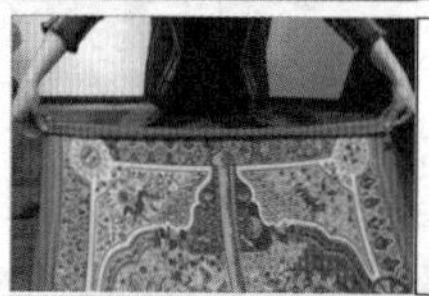

第 2 步：
向前折出 4 厘米左右宽的折子。

第 3 步：
再向后折（像折扇子一样，前后重复折）。

第 4 步：
将两端的折子抓紧，不要散掉。

第 5 步：
中间松掉没关系，两端一定要抓紧。

第 6 步：
将中间的位置拧成麻花状。

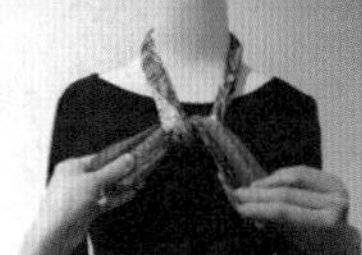

第 7 步：
系单结。

第 8 步：
上面一端绕下面一圈，穿过中间的圈（系平结）。

第 9 步：
整理好平结。

第 10 步：
将百褶平结调整在侧边。

下摆结

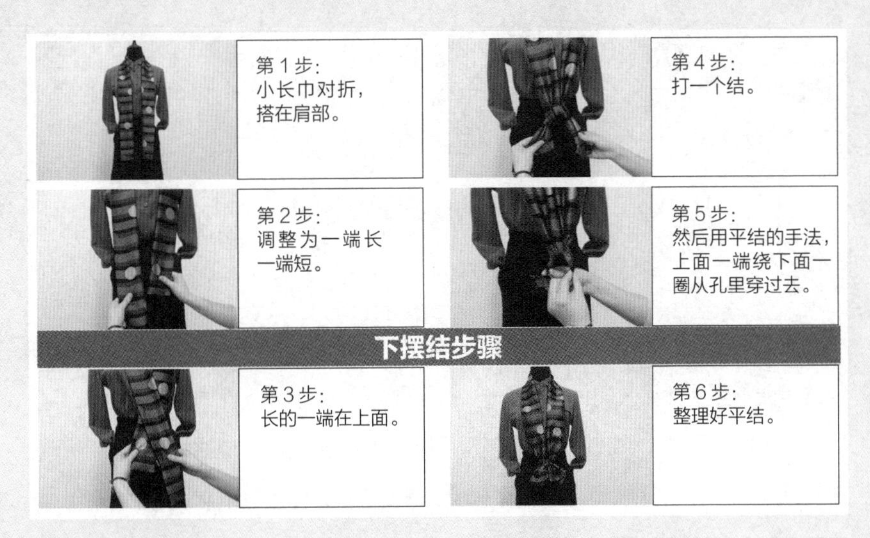

都说女人的衣橱永远少了一件衣服，但如果你愿意尝试，1 条丝巾、5 种系法就可以让你的衣橱缤纷起来。所以，我常常将丝巾作为礼物送给我的朋友，精致的包装、柔软如女性般的丝巾会让她们心动无比。女人是天生爱丝巾的。

喜欢在微凉的时候披上一条丝巾，它不仅能护住肩颈，最重要的是能为我带来安心感。在系上它的一刹那，阴天、雨水、沉闷都变成了温暖、柔软、享受。丝巾就好像一份美好的守护，提醒我们在起风下雨时添衣，在潮流涌动时守心，在工作生活中举止优雅、谦谦有礼。

10 扬长避短穿衣法

我常常会听到女性朋友们说“我个子矮，穿不了阔腿裤”“我脖子短，不适合系丝巾”“我臀部太大，穿裙子不好看”“我腿太粗，从不穿裤子”……如果总是抱着这样的想法来穿衣，她们得错过多少美丽的时刻呢？

每一种身型都有它发光的地方，但大多数人总会忽略自己的优点，只盯着自己觉得不满意，或者说是和别人对比后觉得不如人的地方而暗自神伤，拒绝尝试，以至于觉得自己的身型一无是处。这样，会离美越来越远，因为自信才是长久的美丽。

当“瘦”成为这个时代关于美的重要标准时，很多女性的光芒就消失了。她们会没完没了地称体重，对自己越发苛刻，胖出一丁点就愁眉不展、唉声叹气，听不得别人说半句“你最近好像胖了点”，然后把大量精力都放在减肥上。陷入这种自责的状态会让自己的整个气质也变得沉重，而时刻用轻松快乐的心情去生活才会令一个人显得轻盈。

我遇到过很多因为身型而不自信的女士，其中有一位女士，她有着非常美丽的双眼，微微一笑，弯弯的眼睛就像会唱歌一样令人愉悦。但她总说自己很胖，其实她只是骨架大了点，看上去少了些小鸟依人的感觉。骨架大使得她即便再减肥也无法到达她想要的纤瘦骨感，于是整日闷闷不乐，笑容也很少绽放在她的脸上。其实她并没有认真寻找自己的美丽——好看的眼睛和大气的身型，只要她转变心态，好好去关注和塑造这两个特点，一定会拥有属于自己的独特的美。

关于一个人的美，心态最重要，其次是风格，最后当然可以用一些着装细节来在前两者的基础上做调整，这样才能从道与术的综合层面来塑造美。下面就先来分享“扬长避短”的穿衣法。顾名思义，就是找到自己的身型优势，恰到好处地凸显它，这里的分寸感很重要，然后通过一些穿衣小技巧来从视觉上弱化不满意的部位，但也不必过多地纠结自己身型中不如意的地方。

爱上戴帽子

帽子在以前是人们身份和地位的象征，当这种标识定义退去后，帽子如今成了时尚人士的必备配饰，在各种风格的着装里自如游走。

在我接触的女士中，大多数人很少使用帽子，觉得自己不适合、显脸大、会压乱头发等。其实帽子是改变一个人整体轮廓最快的方式，不仅可以修饰脸型、为整体造型加分，还能调整视觉上的身高比例，令人看起来有趣又高挑。

推荐帽型：

贝雷帽、渔夫帽、报童帽、海军帽、爵士帽、平顶礼帽、圆顶礼帽、沙滩帽。

但小个子的女性要注意：

- 避免头重脚轻。帽子不能太大，尤其是爵士帽和沙滩帽的帽檐从正面看不能宽于肩膀。

●贝雷帽、报童帽和海军帽可以稍微斜侧一点戴，修饰脸型的同时还能显高显活泼。

●选择和上衣同色系的帽子会有视觉延伸感。

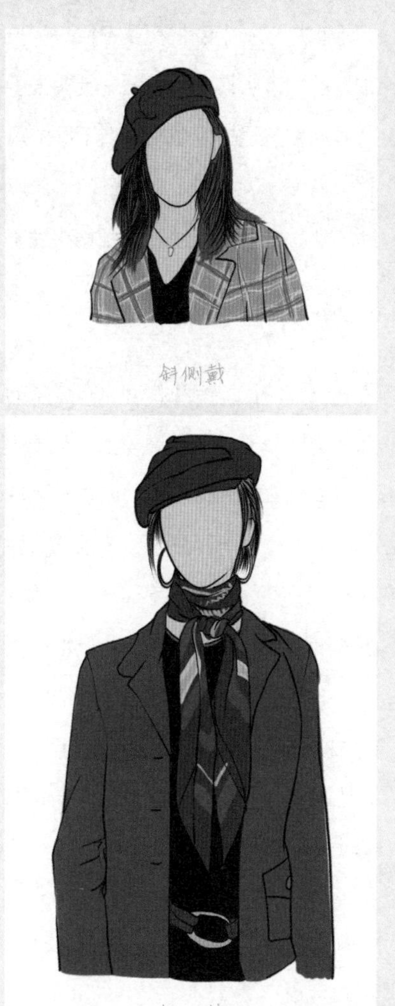

斜侧戴

斜侧戴

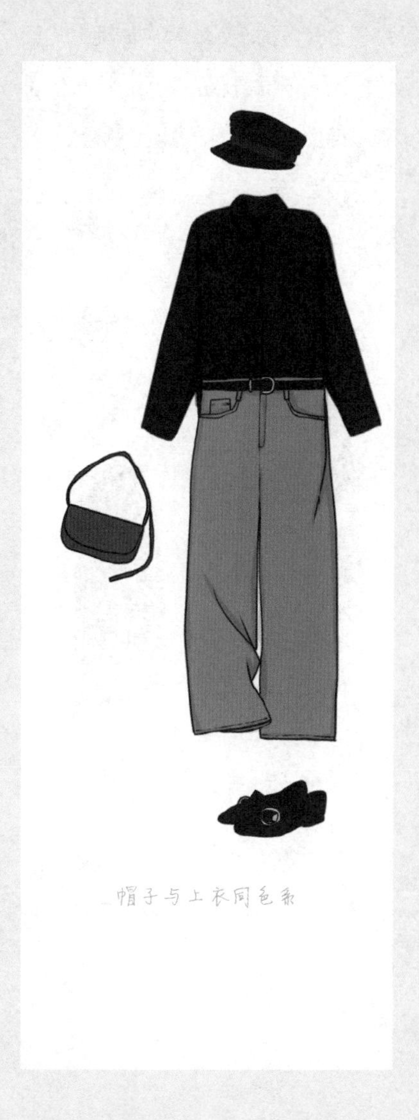

帽子与上衣同色系

● 还可以选择和裤子或者鞋子颜色相呼应的帽子，也能有显高的效果。

每一个爱美的女人，都应该拥有几顶可以出入不同场合的帽子，让它们为衣服锦上添花，为身型分忧解愁，为风格传递态度。

高高梳起的发型

在穿搭课程和形象咨询里，总有伙伴会问到自己适合怎样的发型这个问题，也总有女士说，我要去找一位技术好的发型师换一个发型。其实很多时候，要想通过发型来营造不同的风格，搭配不同的衣服，给日常形象以新鲜感，完全可以通过自己扎头发来实现。

在扎发方法里，有几种有显高显瘦的效果。比如丸子头和高马尾。丸子头一定要扎高一些，从正面要能看到挽起的头发；高马尾则要将头顶的头发拉出来一些，别紧贴着头皮。这两款发型都从纵向拉长了整体的头肩比例，视觉上看起来会显高，也能修饰脸型。而且这种清清爽爽的造型还会让人看起来充满生机，元气十足，而这也是精神上的一种轻盈和显高。

高丸子头

高马尾

一些发饰也可以在视觉上帮助我们显高。比如粗一点的发箍、发带和用丝巾做成的发带。

发箍

发带

注意颈部的空间感

我常常看到很多女士为每一年的流行元素疯狂埋单，很高的木耳边领、胸前复杂的荷叶边设计、高耸的泡泡袖…… 但却很难穿出它们在 T 台上的美。

如果你的颈部不够修长、肩宽胸大、上身较胖，以上设计元素都不建议选择。而是应多尝试简约的设计和领口较大的款式，比如 V 字领和 U 字领，或者用简约的高领和船形领搭配 V 字项链。

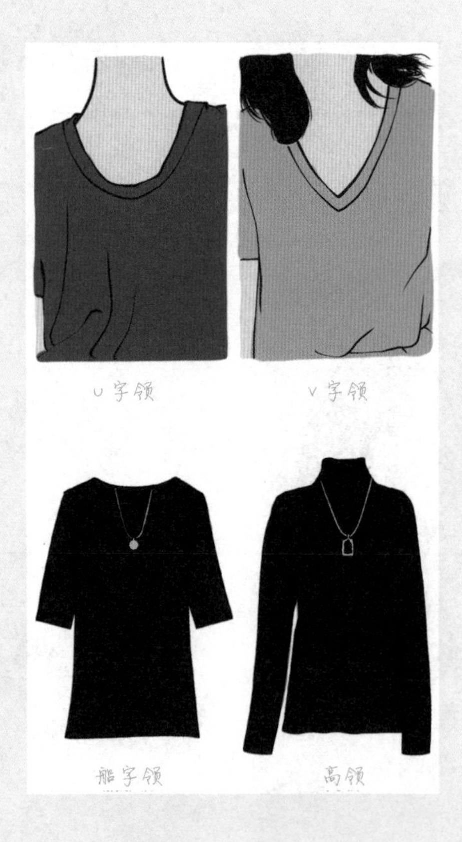

亮点在高处

很多人喜欢穿一套暗色的衣服搭配鲜艳或者缀满装饰物的鞋子，这样的话，会将人的注意力转移到脚下，视觉感下沉，就会容易显矮。相反，要想将人的视觉关注点往上移动，可以将整套搭配的亮点放在肩部以上，比如帽子、发带、项链、丝巾、胸针等。

高亮点显高

如果你穿了一套暗色的衣服和一双亮色的鞋子，可以在上身的部位再点缀一款和鞋子颜色相呼应的配饰，比如帽子、丝巾等，这样也能在视觉上形成平衡，有显高效果。

同样，包包的选择也要选整体长度在腰部以上的款式。我看到很多女士无论是斜挎包还是侧背包，包都垂在臀部以下。这样会拉低身形，让人感到下半身很重，很没精神。

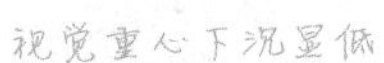

视觉重心下沉显低

高亮点显高

亮点呼应显高

包有下沉感

建议包在腰部以上

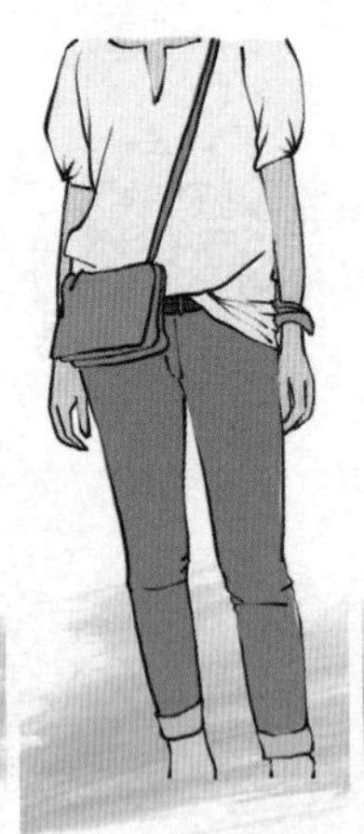

包有下沉感

建议包在腰部以上

露出小臂

穿衣最怕死板，受困于衣服而被束缚住，就像身处一个没有窗户的房间，沉闷局促。穿衣很多时候不单单是要显瘦，穿出精气神也是服装带给我们的惊喜之一。所以除了选对服装的款式外，在调整细节上，更要给予很大的耐心。

尤其是一些衬衫、长袖 T 恤、西装、牛仔外套等，卷起袖子露出小臂会在视觉上让我们看上去既显瘦又利落，既有闲适感又有精致感。

腰部也要有风景

腰线决定腿长，一旦视觉上腿长了，自然就显高显瘦了。所以在服装单品的选择上，尽量选择有腰线、不拖沓的款式。但并不是说只能局限于这样的服装，一些不太夸张的阔版服装也是可以选择的，只要注意制造出腰线就好。

腿部简约利落

如果觉得腿部不是自己全身最值得骄傲的地方，并且想有显高显瘦的效果，那就要让腿部处于简约和利落的状态。选择裤子和裙子的时候，应尽量以基础款、纯色和无图案的款式为主。如果腿部有过多的元素，会让整体搭配的视觉感下沉，越发显低和拖沓。

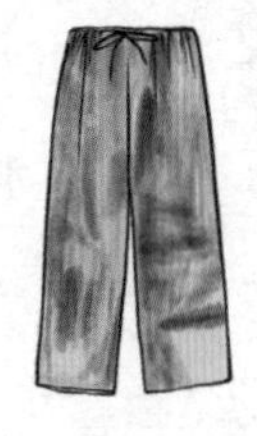

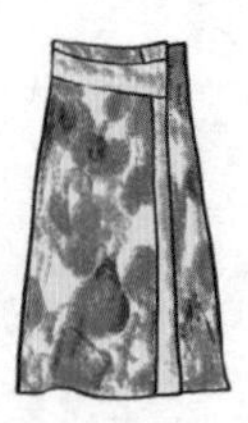
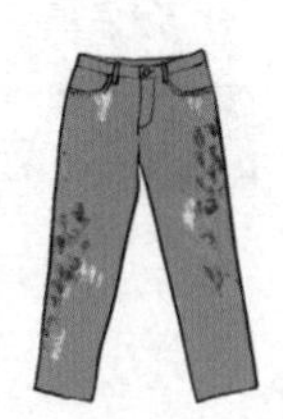

设计太过复杂，显低显重

款式经典简约，推荐选择

脚踝要呼吸

穿搭要有“分寸感”。这种分寸除了礼仪上的得体，还指穿衣的空间感。如果将全身上下都捂得严严实实，这种“满”的视觉效果在穿衣的空间气质上会显得拘谨小气，不利于整体的身型比例。

这点和前面提到的“露出小臂”是一种思路。将脚踝的位置露出来，仅仅是这一小截皮肤的露出，就能从脚底开始感到轻盈和利落。尤其对于裤子，牛仔裤、烟管裤、阔腿裤等建议都选择八分长度，这样才不会压个子。

秋、冬天时，可以在八分裤里穿厚打底袜来保暖。这两个季节格外考验精致和时尚，这个时候再搭配踝靴，和裤子之间露出一道缝隙，欲遮还露，既有风度，也因厚打底袜而保证了温度。

鞋型很重要

鞋子可谓搭配中很重要的一个环节。只要搭配好鞋子，着装就成功了一半。因为它不仅会影响整体的风格走向，还会帮助我们的着装变得轻盈、显瘦显高。

如果你想达到显瘦显高的效果，那一定不要选太过笨重的鞋型，比如宽鞋面、圆鞋头、短鞋型的鞋，而应选择鞋型狭长、有视觉延伸感的款式。

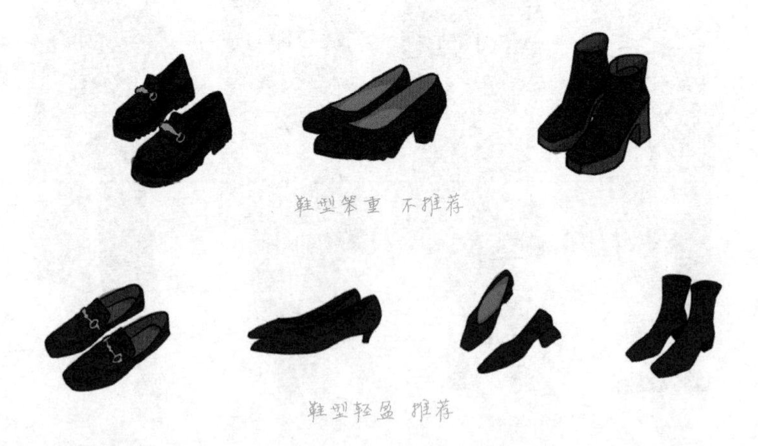

V口鞋 拉长腿型 修饰脚型

天气暖和穿浅口鞋的时候，选择脚面呈V口的鞋子拉长腿型的效果会很不错。尤其对于脚面比较宽的女士，鞋面太浅的款式不是很好的选择，而包裹性强的V口鞋型修饰效果会更佳。

千万别抱着“鞋跟越高，个子越高”的心态来穿鞋。太高的鞋子反而会让身体的姿态变得扭曲，对腿脚的健康也不好。建议选择3厘米的高跟鞋，无论是方根还是细根，这个高度都不会让体型太难看，最重要的是能够为整体搭配带来优雅氛围。

3厘米高跟鞋

图案大小要适度

很多女士喜欢买带图案的衣服，而且其中很多风格大气端庄的女士总爱穿大卡通娃娃图案的服装。这样不仅在风格表达上有违和感，而且大图案就像放大镜一样，还会让原本就不够纤细的身型更加显胖。

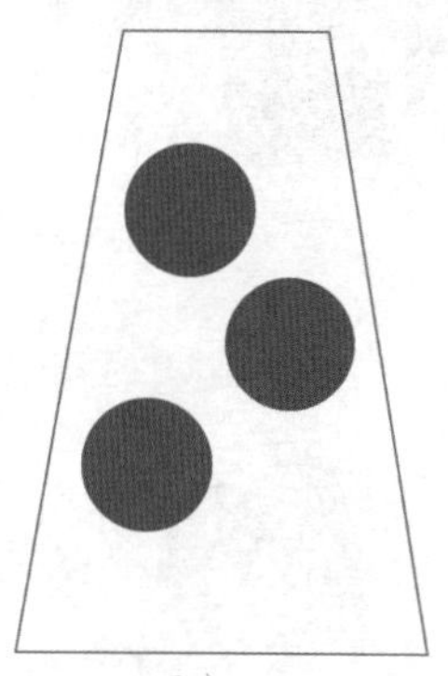

大图案 显胖

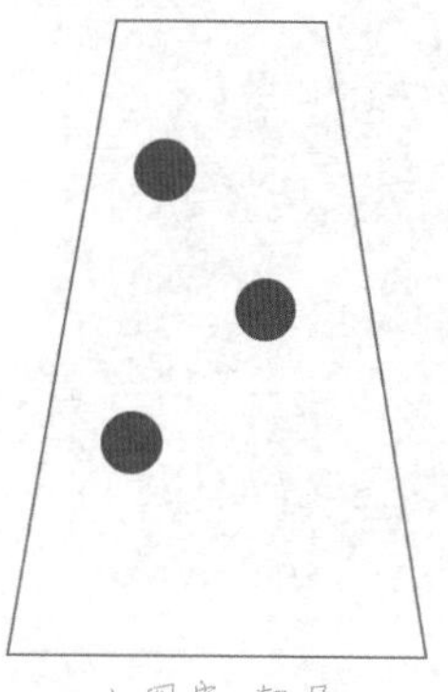

小图案 轻盈

但如果你的身型是属于上身窄瘦、下身丰满的类型，想在穿搭上达到平衡的效果，这时可以选择一些简单的大图案穿在上身，视觉上就会得到修饰。

大气风格 大图案

如果你的身型瘦小,或者风格是小巧轻盈的类型，图案上一定不能选过大的，会很压个子。比如：韩国影星宋慧乔的搭配中有时有小波点的加入就很和谐，与她精致柔和的风格和小鸟依人的身型相得益彰。

如果你的风格大气高雅，身型适中，可以适度尝试大图案来呼应整体的风格。中国影星俞飞鸿整体风格上大气知性，所以大图案可以在她身上非常出彩，这种“大”呼应了内心，释放了从容。

轻盈风格 小图案

敢于选择“大一码”

这几年的流行舞台上，越来越多的女性喜欢穿特别宽大的衣服，有的衣服甚至就像盔甲一样罩在身体上,这些夸张的造型和姿态表情上的不羁感，让女性的优雅之美、得体之美、淑女之美好像都被遗忘。但不得不说，大一点的衣服的确会让穿着者看上去更加从容，但适度的宽度很重要。

千万别把宽松当成乱穿的借口。在搭配中需要达到整体的平衡和谐，用“上宽下窄”“上窄下宽”“内窄外宽”的思路来搭配，并且要注意前文分享的领口、袖口、脚踝和腰线的处理，才能获得一身精致且轻松的美。

张爱玲写宽松的衣服写得最好，她说“太大的衣服另有一种特殊的诱惑性，走起路来，一波未平，一波又起，有人的地方是人在颤抖，无人的地方是衣服在颤抖，虚虚实实，极其神秘。”文学上美的气韵意境与现实中细节的严格要求相结合，才能美得自如，美得不刻意。

每个人都有自己身型上不满意的地方，但为什么有些人即便看起来胖一点、矮一点，也丝毫不影响我们觉得她特别美？我想是因为她们更愿意将自己美好的地方大大方方地展示出来，不去一味地埋怨身材，而那些不完美的部位，她们在穿衣中智慧地去化解。美，说到底，是一种心态上的轻盈。

11
精致穿搭术

穿搭技巧是很多女士最关心的一个主题，但在我的穿搭美学系列课程中占比却并不是很大。

它是整个形象塑造最基础的一个环节，也是应该用最少的时间去掌握，用最多的下意识习惯去践行的环节。只要每天穿衣时足够用心观察，就能发现它们带来的不一样的视觉效果。

我在每节课前都会帮学员们调整穿搭细节，有时仅仅是将衣领、袖口、下摆、裤脚扭动一下位置，都会赢得她们“哇”的惊喜声和各种赞叹声。整体的精致度就是来自一些小技巧的处理。

呼应法则

呼应，即一呼一应，它在写作中常常被使用，使文章结构严密、紧凑，脉络相通。而书法中的呼应，是通过点划之间的互相联系，使字成为一个有机的整体。清代书法家朱和羹在《临池心解》中说：“作书贵一气贯注。凡作一字，上下有承接，左右有呼应，打叠一片，方为尽善尽美。”

呼应，无论是在写作上、书法的笔画承接上，还是在穿搭上，都是一个产生美感的重要细节。如果还能像蒋勋先生说的那样做到“容貌与心灵的呼应”，那就是最高级的美了。

美总是相通的。在穿搭上，呼应是一个很值得细心使用的技巧，它能令我们的整体搭配看上去浑然一体，增加和谐度和视觉舒适度。以下两点呼应法则，可以在日常穿搭中运用起来。

色彩的呼应

在色彩搭配上我遇到很多这样的问题：这两个颜色可以搭配吗？请大家忘掉“不会”“不可能”“不可以”这样武断的定论，尝试使用呼应法则来进行色彩的搭配。

当你穿着红色上衣和蓝色下装时，如果感到上下色彩的搭配太过突兀，两个颜色在两个部位上是孤立存在的，不妨选一款与之相同或相近色彩的配饰来呼应。例如选一款红色的配饰用在下身的搭配中，和上衣的红色形成呼应；或者选一款蓝色的配饰点缀在上半身，和下装的蓝色呼应；还可以选择一款既有红色又有蓝色的配饰，这样视觉上就会有一个呼应的落脚点，上下连接，搭配流畅。

当然，当你穿着一身黑色、白色或者灰色时，也可以选其他颜色的配饰来做呼应，例如红色帽子、红色腰带和红色的鞋子。这种饰品色彩的相互呼应会让无彩色的服装在风格上发生不一样的变化。

（1）有彩色呼应搭配。

第一套：

黄色衬衫、黄色包与黄色鞋呼应

绿色耳饰与绿色花裙子呼应

第二套：

蓝色牛仔外套与蓝色鞋子呼应

粉色纱裙与粉色包呼应

（2）无彩色 + 有彩色呼应搭配。

第一套：

白衬衫、白包与白鞋呼应

橘色耳饰与橘色半裙呼应

第二套：

红色丝巾、红色包包与红色鞋子呼应

形状的呼应

形状的呼应是比色彩呼应更细致的一种呼应方式。这个形状可以是衣服上的图案与配饰图案的呼应，也可以是配饰之间的图案呼应。例如波点服装搭配一款珍珠耳饰，方形皮带搭配同样方形扣的包包，花朵图案的半裙搭配花朵图案的耳饰等。

一次上课前，几位学员窃窃私语，还不时记录着什么。上课时，按惯例大家都会先分享自己的穿搭灵感。这时，一位学员拿出本子说："老师，结合上节课学过的穿搭技巧，我们分析了一下你今天的穿搭，找出了呼应的细节。这套搭配中用了两大主题的呼应，鞋子的绿色取自于蓝绿相间的衬衫裙，这是色彩呼应；耳饰、胸针、手表表盘的形状一致，都是桃心图案，这是形状的呼应……"

这就是习惯的养成。不仅留意自己的穿搭，更观察别人的搭配，从最初的"觉得好看"到弄明白"为什么好看"，这是一个飞跃，是一个很重要的学习方法。

（1）衣服间的图案呼应（下图第一套）。

（2）配饰间的形状呼应（下图第二套）。

（3）衣服和配饰的图案呼应（下图第三套）。

第一套：

白T恤上的花朵图案与裙子上的图案呼应

第二套：

耳饰的形状与包包和鞋子上的装饰物形状呼应

第三套：

裙子的波点图案与丝巾的图案呼应

不能忽略的服装细节调整

很多时候，我们总会嫌弃这件衣服的设计太过平淡，那件衣服的颜色太过普通，所以穿上不好看。其实我们忽略了穿衣中的一些细节。

细节的处理，从穿搭技术角度讲，是利用错视原理来达到显瘦显高的效果；从穿搭灵感角度讲，是愿意慢下来，让每一处的表达都带着心的痕迹，将穿衣与心境结合在一起，搭配就不会显得孤单，穿衣更不会失去温度。

让衣领呼吸

每次课程中，当我讲到衬衫这件单品时，总会有人说太刻板了、太职业了、会显得脖子短……

说衬衫领显脖子短的声音很多。这是因为在处理细节的角度上，大多数人会习惯性地用职业装心理来穿搭，将领口的扣子扣得严严实实，或者只解

解开 2~3 颗扣子

领后呈小V字

开一颗。其实对于基础款的衬衫，只要将扣子解开到第三颗的位置，将衬衫领子在颈后的位置往下放而形成一个小小的V字，就能完成从刻板严肃到时尚高级的转变。

卷起袖子后的轻松感

冬天的课堂是很有趣的，大家脱掉外套后会一边聊着天一边卷着袖子。这种默契是学员们在看了无数次细节调整前后的对比之后，不约而同养成的习惯。

对于普通身形的人，如果想让整体看上去精致、精神，就需要关注到每一处小细节。而卷起袖子，会让手臂的部位看上去纤细轻松，尤其是在穿着容易导致厚重压抑感的冬装时，卷起袖子，会让整体看上去利落轻盈，精神感十足，显瘦功效也不容小觑。

卷起袖子的方法也有不同：

- 如果是打造优雅感，卷起袖子时记得折出来的部位窄一些，平整一些。

- 如果是休闲随性的搭配，可以凌而不乱地卷起袖子，带出潇洒感，但记得要固定住，不可动几下就散掉。

- 将内搭的袖子卷在外面，在制造层次感的同时，还可以在色彩上实现呼应。

平整感

收放下摆，穿出造型感

在搭配技巧中，被运用最多的就是提高腰线。想在视觉上有显高显瘦的效果，处理好上衣的下摆是一个逾越不过去的课题，它能让我们的身材比例有一个质的提升。

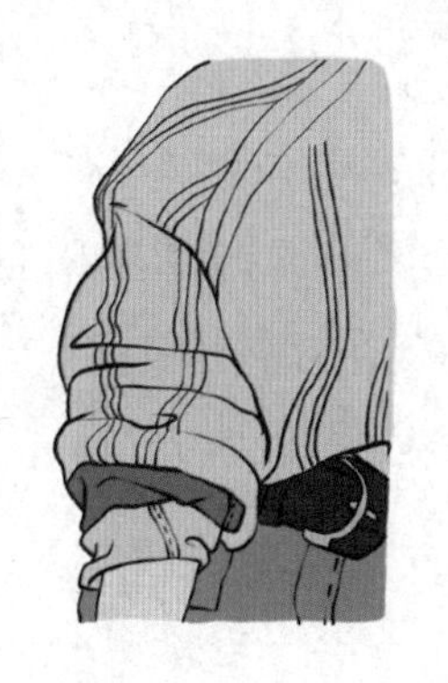

随性感

关于收放下摆，应掌握以下8种方法：

- 全扎法。将下摆全部扎进下装的腰内，这是运用最普遍的一种方法，也是打造商务干练气质的最有效方法。

层次感

- 打结法。无论是衬衫、T恤还是毛衣，都可以运用这个方法来从细微处改变搭配的风格，让整体拥有立体感。如果使用“全扎法”感到腰部的丰满感没有减少时，可以试试用“打结法”。尤其是衬衫，在打结的同时将两侧下摆的位置往外拉一点，形成的弧形可以很好地修饰腰部。

如果衬衫内穿了内搭，例如T恤或者高领打底衫，在运用打结法的时候将衬衫的扣子全部解开，就会有一种慵懒的精致感。

- 前扎法。这个方法很适合宽松款式的上衣，将下摆前面部分扎进腰内，留在外面的部分可以体现随性感，而且还可以起到遮挡的作用。

- 侧扎法。和上面的方法类似，只是调整了扎进部位的位置，可以扎进左侧或者右侧腰内。这种不对称的方法会在视觉上形成一种潇洒自在感，打造出来的斜线会有很好的显瘦功效。

- 扎半边。这种方法适合衬衫，将下摆的半边扎进腰内，另外半边露出来，这种方法既活泼又个性。

- 交叉法。这种方法可以将基础款的衬衫变身为设计款，层次分明。这个细节是从奥黛丽·赫本那里借鉴来的，她常会将稍大版的衬衫前襟交叉，利落地扎进下装内，优雅又灵动。

- 别针法。将毛衣或者T恤的一侧用风琴折的方式折起若干层，然后用别针或者胸针固定，这种效果会为我们的穿搭带来惊喜。

- 腰带法。无论是衬衫、T恤还是针织衫，都可以在外面系一条腰带，这种方法不仅会为整体搭配带来层次感，还能修饰身材比例，很巧妙地遮挡腹部。

那些一点一点好看起来的人，会在意自己的每一个细节，就像花朵在晨曦里渐次绽放。所以，请相信细节的力量，用自己的双手，使穿搭从随意变得精致，从冰冷变得温暖，从沉重变得轻盈。

全扎法
打结法
打结法
前扎法
侧扎法
扎半法
交叉法
别针法
腰带法

12

打造一周迷你衣橱

在掌握一些穿搭技巧后，就需要为自己制造一些练习的机会，将这些法则熟练地运用到日常搭配里。在这里要为你推荐的是“一周迷你衣橱”的搭配训练。

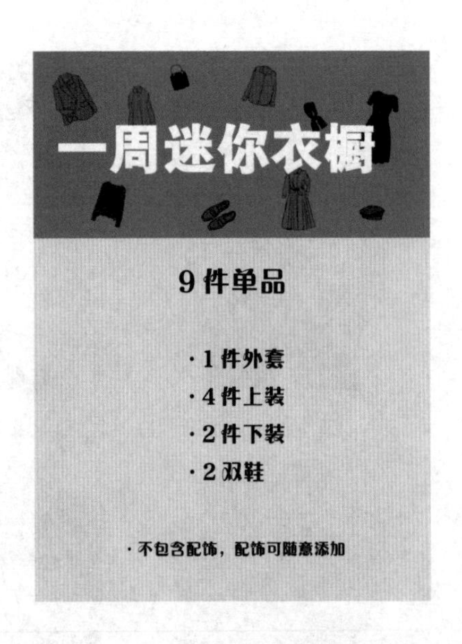

用 9 件单品，其中包括 1 件外套、4 件上装、2 件下装和 2 双鞋。如果要选连衣裙，用其中的 1 件上装来替换。这 9 件数量里面不包含配饰，配饰可以按照每天的搭配随意添加。也就是说，用这 9 件单品进行组合，至少能搭配出 7 套服装来度过一周 7 天。

如果想真正领悟穿搭这件事情，最开始要做的不是买新衣服，而是审视自己已经拥有的衣服，一件件地去认真搭配。其实一个人需要的单品并不多，在数量上做减法，在搭配组合和灵感上做加法，与服饰建立默契，它们一定会越来越懂你。很多单品都可以从夏天穿到冬天，比如衬衫、半裙、衬衫裙、牛仔裤和乐福鞋，我称它们为“懂事”的衣服。

在准备迷你衣橱的单品之前，要注意以下几个细节：

（1）一定要查看天气，提前备好保暖的衣服，可以是看不见的内搭，也可以是厚一点的衣服。

（2）建议多选择纯色和无图案的单品，彩色和有图案的衣服选 1~2 件就好，这样一周之内的搭配会很容易有变化且有趣。

（3）要减少一件式搭配，多尝试叠搭：比如衬衫 + 毛衣 + 大衣、高领打底 + 衬衫 + 大衣、高领打底 + 小外套 + 大衣、高领打底 + 低领毛衣 + 小外套 + 大衣、T 恤 + 衬衫、衬衫 + 吊带 + 西装等。

（4）建议选择两种不同类型或者不同风格的下装，比如裤子和裙子、牛仔裤和阔腿裤，避免是同种颜色和相似类型的单品，这样视觉变化效果不会丰富。

（5）两双鞋子的颜色和风格一定要有区别，比如黑色鞋子和棕色鞋子、踝靴和牛津鞋、踝靴和帆布鞋等。

（6）善用配饰来做细节上的变化，比如帽子、项链、丝巾、围巾、胸针、彩色短袜等。

（7）最后，要有足够的信心和耐心，如果觉得一个人坚持不下来，可以邀请朋友一起加入。

接下来分别呈现秋冬季生活休闲装和春夏季职业场合的一周迷你穿搭。如果你愿意尝试，可以找出衣橱里相同数量的类似款衣服，和我一起来练习。

秋冬季生活休闲搭配

9件单品包括：1件黑色羊绒大衣、1件米色西装外套、1件黑色高领打底衫、1件V领棕色毛衣、1件牛仔衬衫、1条阔腿牛仔裤、1条百褶摆裙、1双黑色踝靴、1双棕色乐福鞋。

第 1 套：黑色高领打底衫 + 牛仔裤 + 黑色羊绒大衣 + 黑色踝靴。配饰用了黑色贝雷帽 + 黑白条纹丝巾 + 黑色腰带 + 黑色锁链包。整体风格简约帅气，但因为配饰中用了法式优雅的贝雷帽和丝巾，也为整个造型带去了一些柔和感。无论是接送孩子上下学还是和朋友逛街，都会便捷又体面。

第 2 套：黑色高领打底衫 +V 领棕色宽松毛衣 + 牛仔裤 + 黑色羊绒大衣 + 棕色乐福鞋。配饰用了枫叶胸针 + 棕驼色托特包。秋冬季节的叠搭穿法不仅让搭配有了丰富的层次感，也平衡了深色带来的厚重感。穿搭细节方面，要注意将毛衣下摆塞进裤腰里一角，露出牛仔裤腰部，显高显瘦的效果就出来了。

第 3 套：黑色高领打底衫 + 黑色百褶裙 + 黑色羊绒大衣 + 棕色乐福鞋。配饰上用了和鞋子色彩呼应的驼色贝雷帽、棕色腰封和棕色包包。黑色搭配棕色有浓郁的暖色调气质，很适合秋冬季节。宽腰封和贝雷帽为整体的黑色加入了造型感，冲淡了两件黑色单品在一起的单调感，时髦又吸睛。

第 4 套：黑色高领打底衫 + 牛仔衬衫 + 牛仔裤 + 黑色羊绒大衣 + 黑色踝靴。配饰选了银灰色格纹耳饰 + 格纹围巾 + 黑色腰带 + 灰色托特包。两件牛仔单品在一起总会有洒脱随性的不羁感，但只要配饰点缀得细腻，整体搭配氛围也会平和日常很多。用格纹图案的耳饰和围巾做呼应，让造型多了一些新颖和活泼。

第 5 套：牛仔衬衫 + 棕色毛衣 + 黑色百褶裙 + 黑色羊绒大衣 + 棕色乐福鞋。用与毛衣颜色呼应的棕色耳饰来点缀，斜跨一款精致的马鞍包，整体风格减龄又柔和。

第 6 套：黑色高领打底衫 + 米色西装 + 黑色百褶裙 + 黑色羊绒大衣 + 黑色踝靴。用黑色腰带系在西装外打造腰身，姜黄色条纹丝巾可以系成前面章节里讲的项链结点缀在脖子上增加精致感，也可以系在包上为整体搭配增加灵动气息。穿上这套服装可以出席一些隆重的场合，比如聚会、酒会、见重要的朋友等。这几件单品和配饰组合在一起的高雅感，能很好地彰显你的时尚品位和场合魅力。

第 7 套：牛仔衬衫 + 牛仔裤 + 米色西装 + 黑色羊绒大衣 + 黑色踝靴。配饰选择了温和的驼色丝巾、驼色围巾和驼色包包。这套内搭用了蓝色 + 米色，是一组能给人带来简约雅致印象的配色，它们都有宁静低调的色彩氛围，会让帅气的牛仔不那么硬朗，多了一些柔和感。

第 8 套：棕色毛衣 + 米色西装 + 黑色百褶裙 + 黑色羊绒大衣 + 棕色乐福鞋。毛衣和百褶裙是一组很浪漫柔美的组合，加入了阔版西装可以打造有趣的混搭效果——毛衣和百褶裙弱化了西装的硬朗，而西装又为它们带去了力量感。

第 9 套：黑色高领打底衫 + 棕色毛衣 + 黑色百褶裙 + 黑色羊绒大衣 + 黑色踝靴。三件柔和的单品在一起，再加之珍珠耳饰和系成蝴蝶结的丝巾来做点缀，增加了典雅氛围，也是出席重要场合的理想搭配。

春夏季职业场合搭配

9 件单品包括：1 件白衬衫、1 件黑色衬衫、1 件灰色 T 恤、1 件驼色针织开衫、1 件灰蓝色西装、1 条灰粉色烟管裤、1 条灰蓝色铅笔裙、1 双黑色船形鞋、1 双驼色乐福鞋。

第 1 套：黑色衬衫 + 灰蓝色铅笔裙 + 黑色船形鞋。黑色和蓝色是非常沉稳大气的一组配色，再加上衬衫和铅笔裙的单品语言，它们组合在一起很适合星期一上班的通勤心态。珍珠耳饰和珍珠项链为装扮增添了精致感和亮点，也能表达对工作的享受和喜爱。

第 2 套：驼色针织开衫 + 灰粉色烟管裤 + 驼色乐福鞋。一周中上班总有一两天想让自己放松下来，这个时候，色彩和款式上都可以选择稍微轻松一些的搭配。驼色和灰粉色的组合让人感到平和、安静和亲切，有一种成熟女人的魅力。用驼色系的丝巾、托特包和简约的珍珠耳钉来做点缀，色彩上更紧凑，不突兀。

第 3 套：白衬衫 + 灰粉色烟管裤 + 黑色船形鞋。白色和粉色一旦大面积地出现在职业装中，很容易有太过年轻柔美的感觉。这个时候可以用黑色丝巾、黑色腰带、黑色包和黑色鞋子来点缀。黑色的配饰让整体的搭配看起来有画龙点睛的感觉，也加入了沉稳气息。

第 4 套：灰色 T 恤 + 灰蓝色铅笔裙 + 驼色针织开衫 + 驼色乐福鞋。灰色调的衣服总让人感到一种谦虚的美，和驼色的温暖包容在一起，一种属于职场的信赖和担当就在色彩间、在单品的组合里油然而生，低调又从容。下班后将鞋子换成船形鞋，就可以得体地出席商务餐宴场合了。这个时候胸针的点缀会令整体的搭配呈现出简约的华美感。

第 5 套：灰蓝色西装 + 灰粉色烟管裤 + 黑色船形鞋。职场里不只有黑白色，如果款式足够利落，不张扬的彩色也可以穿出专业的美。加入黑色的配饰会在视觉上有画龙点睛的感觉。将黑色腰带系在西装外，可以优化整体身型比例，尤其对身高娇小的女士来说，这样能让西装穿起来更显精神。

第 6 套：白衬衫 + 灰蓝色铅笔裙 + 驼色乐福鞋。衬衫和铅笔裙在一起很容易有单调感，加入一条丝巾是很不错的选择，丝巾比较大的部分可为衬衫增加灵动感。平底乐福鞋和驼色配饰带着温暖气息，无论是拜访客户还是参加活动，都既讲究又舒服。

第 7 套: 灰蓝色西装 + 灰蓝色铅笔裙 + 黑色船形鞋。这是一套可以出席会议的搭配，相同颜色的西装和铅笔裙组成了正式的职业套装，灰蓝色不沉闷也不艳丽，有着恰到好处的知性和柔和。丝巾低调地衬在西装领子里面，若隐若现的蓝与西装呼应，是不动声色的品位。这样一套搭配坐在或是西装革履或是着装随意的男同事中间，既不强势，也不会显得太过刻意，是一种得体的表达。

第 8 套：灰色 T 恤 + 灰粉色烟管裤 + 白衬衫 + 驼色乐福鞋。一套很轻松的搭配，适合周五的心情。灰色和灰粉色是一组将冷静谦虚和轻盈柔和巧妙组合在一起的配色，也是职场里表达好感度的好帮手。

第9套：黑衬衫＋灰粉色烟管裤＋黑色船形鞋。这套搭配精神干练，还会让身型有一种挺拔感。黑色衬衫有着无与伦比的严谨特性，能够营造专业的气场。搭配灰粉色烟管裤，在色彩上增加柔和气息，但款式依旧利落，是一套兼具理性和亲和力的组合。黑色衬衫靠近面部，如果不做一些点缀容易显得面部暗沉，可以用一枚有棱角的胸针来表达态度，或者系上一条黑白色丝巾来展示柔和，两种配饰感受不同，可以用在不一样的场景中。

建议每天出门前用手机或者相机将当天的穿搭记录下来。穿搭记录，不仅可以看到一件服装单品的多种搭配风采，还可以跳出来，以第三者的视角去读自己在不同风格里的故事。在穿搭课堂上，很多女士做完一周迷你衣橱的练习后都无比感叹。其中一位女士在穿搭总结里这样写道：

“回顾这一周的迷你衣橱穿搭体验，从最初选择时的费尽心思、困惑、怀疑，到一周走下来，感觉每一天都充满期待、惊喜不断。觉得即使再延续几天，依然会有新的灵感。

每天用心体验穿搭和整理衣橱的最大感受是，能够静下来用心对待曾经因为心动购买回来的每一件旧衣物了，包括有些甚至之前已经被列入淘汰的名单。其实不是衣物本身有问题，而是我对待衣物的态度出了问题。对于以往没有好好对待就被淘汰掉的一些衣物有一些愧疚，也会想起关于它们的点点滴滴。最重要的是，更加感恩和珍惜现在依然陪伴在自己身边的这些衣物，不仅是衣物，还有生活中的点点滴滴。

第二个感受是，其实真正需要的东西很少，过多的东西很多时候带来的是混乱和不便，少而精反倒能演变出更多的精彩。是时候让穿搭和生活都恢复它本该有的简单和轻松了。

还有一点，在体验穿搭的过程中，越来越感受到真实的自己，越来越自信，越来越欣赏自己，越来越确认自己的独特性，不再想要模仿谁，或者成为别人的样子，我越来越喜欢自己现在的样子了。”

一周迷你衣橱就是一个美丽的小世界，你就是这个世界里的主人。无论你想要拥有怎样的一周时光，都可以通过这个方法来建立搭配主题，这样每一周的世界都是新鲜而有趣的。

13

场合着装，做懂礼仪的优雅女人

说到着装“得体”，你会想到什么呢？是中规中矩、死板保守、束手束脚，还是时尚的反义词？在我看来，都不是。得体的穿着应当是恰如其分的，它会让我们

拥有一颗谦卑和充满尊重的心。

电影《波特小姐》有这样一个镜头：小时候的波特小姐和弟弟在临睡前会给爸爸妈妈行晚安礼。那种流水一般的舒展姿态和温暖语言让我感到典型英式风格的教养，这是一种骨子里的得体和分寸。我想，拥有这样习惯和精神的人才是富有的，所以英式礼仪也在被我们效仿和学习着。然而我们学习的从来不是英式贵族的奢华，而是他们长年累月刻在骨子里的教养。

同样让我印象深刻的，还有一张20世纪的照片，那是一群孩子穿戴整齐正式，等待电影院开门的场景。他们虽然来自不同的家庭，却有着相同的礼节。从照片中我感到了一股强大的"得体"的力量。得体，需要从小培养。在孩子身上的这份教养和得体，能够深刻地反映一个家庭，折射出父母与孩子的关系和家庭氛围。

我们都知道，"优雅"是对一位女性最高级的赞美，而"得体"则是优雅最突出的体现。得体表现在需要表达美的方方面面，是考虑到环境、人物、着装和因为搭配而传递出的风格所带来的一种体贴感。莎士比亚有这样一句话：衣裳时常表示一个人的人品。如果自己恰如其分，万事万物也会恰如其分。一个女人的美丽和精致，并不仅仅是指时刻都穿得光芒四射地吸引别人的眼球，而是要建立在得体的基础上，恰如其分地在不同场合展示自己的形象。

有一次我参加朋友的婚礼，在收到请帖的时候，仔细地看了其中的内容，发现在婚礼主题的目录上赫然标注着"民国婚礼"，于是就选择了一条具有民国风味的格子旗袍，搭配了低调的珍珠饰品。

结果到了现场才发现，参加婚礼的人要么穿着休闲随意，感觉不到对新人的尊重和祝福之意；要么时髦吸睛，完全抢了新人的风头。而最令我感到困惑的是，几乎没有人根据婚礼的主题来选择服装。我想，这其实是礼仪上的缺失，更是我们对于着装认知的偏差。

在参加别人婚礼时，你是否思考过，要如何通过着装和举止表达对婚礼的重视，而让新人感到有你这样的朋友或亲人是一种荣幸呢？要如何穿才令自己看起来低调、精致而又有隆重感呢？

每一天的着装，都是需要用心去修饰的。

在日常着装中，我们要时刻养成思考的习惯：披着头发是好看，但是应该懂得，在职场中披散头发只会让你看起来对工作毫无敬畏之心；短裙是好看，但在一些严肃的场合，请收起所谓的“短裙显腿长”“短裙有味道”“短裙显年轻”这些微不足道的技巧，它们会让你看起来毫不稳重，十分卖弄；出门抹口红是好看，但请根据自己的气质和场合来选择颜色，当下流行的“姨妈红”“斩男色”“后妈色”“脏橘色”并不全是主流的审美，如果只是一味彰显个性或者追求流行，只会让内心品味缺失。

得体是一种恰到好处的力量，是表达美的最深层的手法。有了得体，才会让我们的美更加深刻。

14

场合着装实例指导

一个人的美，绝非只因她的五官美丽，有些看似平淡的五官也常常藏着巨大魅力。真正的美，是懂得在不同场合适当地展示自己，该低调时绝不锋芒毕露，该亮相时也绝不缩手缩脚。

场合着装的课程我通常会安排在最后来讲，因为了解了美，认识了自己的风格气质，解读了服装单品和配饰，学会了搭配技巧后，需要通过智慧的组合将它们运用在生活大大小小的场景中。下面是几个具体场合着装实例和建议，可以结合起来找找穿搭灵感。

参加家长会

场合着装的课堂上，我会设置不同的场景让学员们通过穿搭来模拟感受。对于做妈妈的女士来说，有一个场合很重要，那就是参加孩子的家长会。

记得有一位学员拿到的就是这个场景，当时她选了一件正红色的小皮衣、一条黑色紧身牛仔裤以及一双充满气势的马丁靴。如果是在人来人往的街头，看到这样的搭配和她的风格气质，你的目光一定会在她身上停留很久去欣赏和品味，但若将这套搭配放在家长会的场景中，你会觉得很刺眼。具有攻击性的正红色、硬朗冰冷的皮质、紧紧包裹住双腿的牛仔裤、朋克感的马丁靴，这一切都无法和“妈妈”的角色联系在一起。

后来我帮她梳理了这个场合的关键词和单品语言，陪她一起挑选了一件灰蓝色的开襟毛衫和一条黑色过膝摆裙，用一条蓝粉色的丝巾做点缀，搭配一双黑色平头的方根踝靴，放下高高扎起的头发。当她站在镜子前看着自己的这套搭配时，突然有点哽咽。她说终于知道了为什么孩子不愿意让她去学校，为什么孩子经常会说同学觉得自己的妈妈很凶。

我参加过很多次孩子的家长会，也受邀为很多学校的家长分享礼仪知识，但我很少看到会有特意为这个场合而穿衣的家长。尤其是在炎热的夏季，更能考验一个人的讲究和得体。我们总会在这个季节看到妈妈们有的穿着透明蕾丝裙、有的穿着露腰的上衣、有的穿着黑丝袜和牛仔短裤……

作为一位母亲，着装传递出来的风格应该是温柔、贤惠、善良、美丽、亲切等。所以要避免过于时髦、过于慵懒、过于中性和强硬的风格呈现。这个场合建议选择的服饰单品和搭配是：温和谦逊的开襟毛衫、优雅俏丽的及膝摆裙、柔而不娇的软质衬衫、充满淑女气质的带袖连衣裙、有礼有节的衬衫裙、优雅飘逸的丝巾、温润经典的珍珠饰品和柔和沉稳的配色方案。

以“盛装心态”来出席孩子的家长会，这份对自己的爱惜，对老师的尊重，对场合的重视，是一个女人美丽的底气。在这个看似随意却蕴含大智慧的场合，着装可以体现出这个家庭的素养和品位。

城市旅行

旅行，不在于我们能够走多远，而在于这次旅行能否成为你人生的一部分；穿搭，不在于我们是否拥有极具时髦度的单品和博人眼球的搭配技巧，而在于是否用心为每一个场合去穿着。

城市旅行不同于去大山大水的景点。因为自然风光需要在辽阔空间中突出你这个人，但城市需要你和谐地融入，感觉就像是当地居民一样，而不是一眼看去像个“外来者”。

很多人去城市旅行都有一个误区：爱穿艳丽的颜色，认为拍照会很好看。其实比起颜色亮眼，更重要的是穿出、拍出场景感和故事感。所以用艳色要得当，注意

人与环境的和谐。建议以基础色为主，比如黑、白、灰、蓝色和大地色系。尽量避免整套正红、正绿等饱和度高的颜色。

少带一些设计复杂、图案夸张的衣服。这样的服装不容易搭配，在旅行中的利用率会很低，比如大面积流苏、蕾丝、拼接、复杂的几何图案、卡通图案，不如多带一些款式简约的基本款。另外，不要带容易起皱的衣服，如棉麻面料，建议多带雪纺、涤纶、法兰绒、针织和毛衣类的衣服，较容易恢复平整。箱子里地方大的话，还可以带上便携式熨烫机。

多带上衣，少带下装，这样搭配容易，看着也不重样。如果旅行时间在10天左右，可以考虑带4件上装、2件下装。具体可以这么安排：1件针织开衫、2件衬衫、1件衬衫裙、1条牛仔裤、1条百褶裙。再带一些配饰：2条丝巾、1款胸针、2顶帽子、2副耳饰、2个包包、2条腰带。

这些衣服和配饰相互组合起来有至少12种搭配方案，足以让旅途中的形象多变又舒适。

如果想拍照有亮点，能突出自己，建议在配饰上多下功夫。丝巾、胸针、耳饰、帽子、腰带、帆布包等，都可以选小面积的艳色。帽子建议选择能折叠的款式，比如渔夫帽、贝雷帽。

对于大城市，除了所有人都去的旅游景点，我还建议多考虑大学、书店、艺术馆、博物馆、咖啡馆和街头小巷，从不同领域和角度去感受这座城市的过去和现在、文化和市井，而且这些地方通常游人不多，体验很好。旅行中的点滴会潜移默化地成为我们经历中的印记，包括着装，包括心情，包括文字。

每到一个城市，都应该为当地的大学校园留出一点时间，感受它们独有的青春及文化气息。

如果去逛大学校园，可以选择“学生风”的白衬衫+蓝色牛仔裤+小白鞋+帆布包+蓝白丝巾。这套搭配干净清爽，能让你在走进大学校园的时候像学生一样融入其中。我就这样游览了云南大学、复旦大学、四川美术学院等，毫无违和感，

路过的学生也不会像看陌生游客一样看我，这样能更有代入感地去体验校园里的风景。

《岛上书店》里面有这样一段文字：“没有谁是一座孤岛，每本书都是一个世界，一个地方如果没有一家书店，那就算不上个地方。”

大 学

书 店

艺术馆

每到一个城市，当地的书店也是一定要去的。如果说时尚是这个城市的现在，那么书店就是这个城市的历史，里面有时间的味道。

去书店时，可以选择黑色衬衫裙 + 乐福鞋 + 驼色帆布包。因为大多数书店的装修会选择原木色，这套黑色与驼色与之很配，便于你不动声色地融入。还可以配一顶驼色贝雷帽，为整体增加造型感，既适合看书，也适合拍照。

逛艺术馆时，可以用些有特点的搭配，或者一些亮眼的颜色：彩色衬衫 + 黑色衬衫裙 + 黑色贝雷帽 + 乐福鞋 + 帆布包。将彩色衬衫叠搭在衬衫裙外面，是一种很新颖的穿衣方式，再用黑色腰带束在衬衫上强调腰线，可以显高显瘦。

如果你想再讲究和更有收获一点，给你支个招：上官网提前查查展出的作品有哪些色系、哪些故事、哪些背景，准备好与之相呼应的衣服，这样你就像是从作品中走出来的一样，能够更加融入其中，而不仅仅是拍照打卡。

还有一个场所，是很多人了解大城市历史必去的地方——博物馆。去博物馆就不能像去艺术馆那么跳脱，要穿出涵养和文化感：黑色衬衫裙 + 驼色百褶裙 + 乐福鞋 + 丝巾。衬衫裙自带教养感，百褶裙柔和又有亲和力，驼色是一个低调丰厚的颜色，整体搭配起来让人有一种难以抗拒的信赖和好感。

如果你不想去那么多“有文化”的场所，想轻松一点，那么就去咖啡馆吧，在那儿可以最直观地感受一个城市的气质和节奏。你可以穿得优雅且有仪式感：针织开衫 + 百褶裙 + 贝雷帽 + 乐福鞋，加上几何图案的耳环，很适合从容地喝一杯下午茶，也很适合自拍。

准备一场旅行，也要像经营生活一样处处用心，比如目的地、服装、配饰、照片、书籍、电影……这样走出去的每一个脚印都会充满故事和惊喜。

愿你的旅行，无论是长是短，是远是近，都能入心入美，都能穿出与旅行主题相得益彰的自己。

宴请客户

宴请客户不是单纯的职业场合，而是社交场合。社交场合的着装要点不是穿出工作中的正统、保守和严肃，而是在表达重视的同时体现高雅的品位，让你看上去

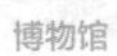

博物馆

下午茶

既精致又有放松感。

在这个场合，不建议穿公司的工装和颜色沉闷的商务套装，尤其是西装 + 裤装，这两件衣服整体的风格都是硬朗、中性、强势的，所以很难有放松感、亲切感。

社交场合比职场更感性，尤其是宴请，格外需要联络感情，所以建议以“柔和”来作为搭配要点。在衣橱中挑出一些面料比较柔软的、偏女性化的衣服，如裙装、针织衫，纱质、丝质和蕾丝等衣服，都适合这个场合。

建议优先选“过膝小黑裙”。小黑裙本身就是“隆重 + 优雅”的代名词，还能突出女人味。不过黑色裙子如果碰到昏暗的灯光，会显得太沉闷，这个时候可以搭配一套浅色珍珠款的耳饰和胸针，让对方的注意力聚焦在你的面部附近。

包包不要选商务款，而应搭配小型包

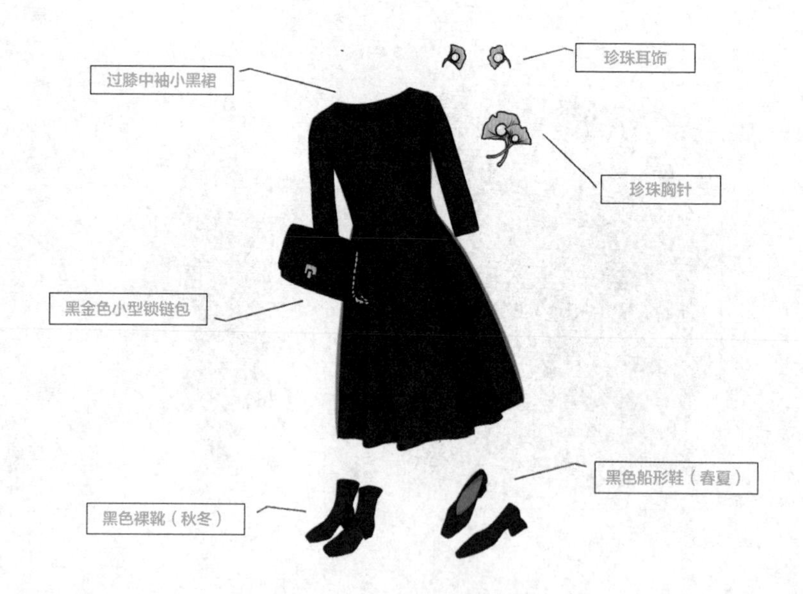

或手包。春夏季节宜搭配黑色船型鞋，秋冬季节可以搭配黑色踝靴，保暖又精致。

如果不想女人味太重，还可以选择“西装＋丝绒裙或丝绸裙”。西装不像小黑裙那么凸显曲线，颜色上可以选择柔和的浅色（如灰粉色、淡紫色、裸色等），这样既有职业感又不会太硬气，还可以为你带来好气色。裙子建议选择大地色系、灰色系或酒红色。比如灰粉色西装＋驼色丝绒摆裙。粉色和驼色是一组经典的知性配色，让你显得柔而不娇。再加上黑色配饰（丝巾、耳饰、包包、鞋子）作为整体的点缀，很有分寸感。

如果想凸显柔和年轻的特点，可以加一点动感元素，选择有飘带的丝绸衬衫＋摆裙。飘带和裙摆会随着你的举手投足而飘动，显得活泼灵动。因为款式已经比较有活力了，所以颜色就要正式一些：藏蓝色波点飘带衬衫＋同色系丝质半裙，配上棕色系的耳饰、

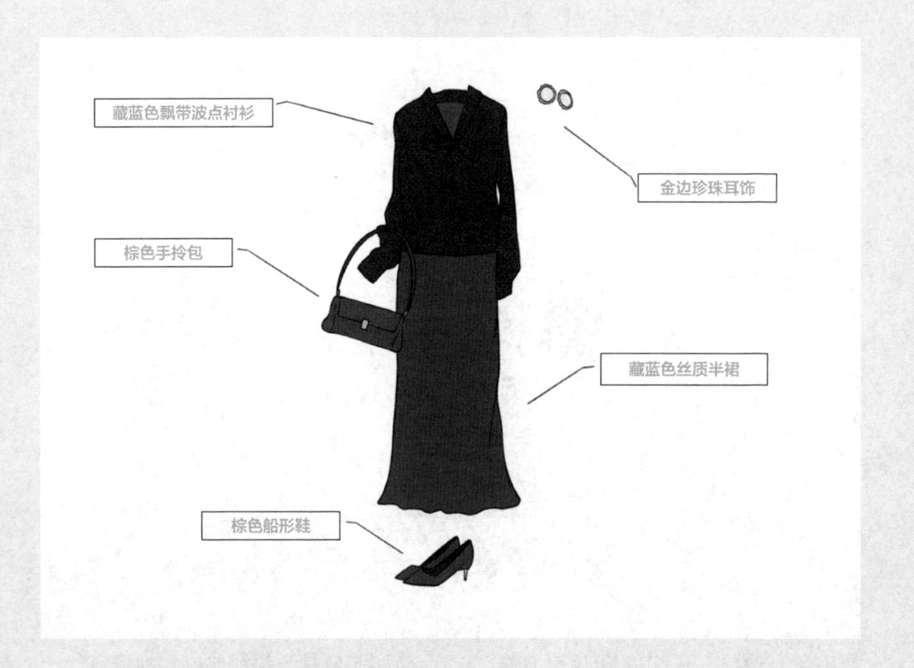

包和鞋，增加整体的温暖和丰厚感。

职场中的形象多以利落庄重、专业严谨为主，但在宴请中，可以加入一些小个性来突出个人品位和形象上的新鲜感，比如丝巾、珍珠、金属感的配饰、水晶饰品等。

有的人可能想购买一套专门的礼服，但其实不用，因为礼服的利用率往往很低，普通人又很难穿出高级感。不如选以上的日常搭配，到了宴请的场合，重新组合并添加不同风格的配饰，就是另外一种风景了。

居家穿搭

回到家里的样子才是我们最真实的样子。这个时候我们不需要取悦任何人，在服装上，放松、舒适、随意是最优选择。试想，回到家，我们总会第一时间摘掉配饰，放下头发，换上干净的家居服，让被束缚了一天的身体重获自由。

但我们总会混淆家居服和睡衣、慵懒美和邋遢的概念。一些女士会随手拿起爱人穿旧了的宽大衣服套在身上，应付在家的每一天；还有一些人舍不得扔掉起了球的衣服，索性当家居服；一些上了年纪的女士还会将女儿那些可爱的泡泡袖、娃娃领衣服留下来穿在身上做家务、招待客人……

写到这里时，我想起了木心先生的那句话：“没有审美力是绝症，知识也救不了。”妈妈是孩子最初的审美，孩子看到妈妈的绝大多数时间都是在家里，妈妈的形象会潜移默化影响孩子对穿着的认知，这种认知不仅仅是漂亮，更是对待生活的态度。

居家的样子，是卸掉外在的光环，拿掉社会的身份，不再去应付他人而回归最本真的状态，所以从穿着开始，要用心对待。

记得大学时有一次去同学家，开门的是她的妈妈。这位母亲身穿一件长及膝盖的直身白衬衣裙，虽已洗得发旧了，但依旧透出干净精致的样子。她戴了一副黑框眼镜，头发束在脑后，像极了一位作家，那个画面至今依旧深深印在我的脑海中。难怪我的这位同学会在穿着上有着令人羡慕的好分寸。

居家该怎么穿呢？我想要做到“家的样子”和“自己喜欢的样子”相结合，才会有更好的心情来面对柴米油盐，以及不施粉黛的自己。

我喜欢用一些休闲装来做家居服，比如卫衣、针织开衫、套头毛衣、开襟毛衣、直筒衬衫裙和连衣裙、轻薄宽松的衬衫、棉麻直筒裤……这样的家居服在接待朋友亲人的时候不会太失礼，同时又方便做家务。

在颜色上建议选择浅色或雅致的灰彩色调，它们更适合回到家里的那种身心的安宁、不争和柔软，更能体现和最在乎的人在一起的那种坦然和安宁。推荐以下三种组合：

灰粉色套头毛衣 + 酒红色针织半裙

这样的组合在一起柔软又极具女人味，就像一位贤淑的妈妈和妻子，既能将家里打理得井井有条，又能让自己的形象温暖精致。配饰上可以选择柔软的毛绒质感胸针，通过小小的桃心造型来增加活泼气息。

蓝色衬衫裙

衬衫裙总有一种书卷气，在家里穿上它看书写字、整理房间，也会变得很好看。如果你是长发，可以用一款玳瑁色的鲨鱼夹固定起头发，相比皮筋，它更温婉随性。再点缀以简约的珍珠耳钉，很有精致的居家感。

鹅黄色针织衫 + 米色棉麻裤

这个配色清新减龄，轻盈的颜色和柔软的款式也会令我们的心情轻松，表情柔和，适宜和孩子一起听着音乐、插着花、聊着轻松的话题。回到家不就是要有这种风轻云淡的平和吗？

或者直接选择真正的家居服。材质上可以是棉、麻、丝；颜色上要能营造视觉上的舒适感，比如可以带来宁静雅致感的莫兰迪色系；花色上也可以匹配家里的装

修风格——如果装修风格过于华丽，家居服的款式和花色上就宜选择素雅简约一些的。家永远是令人安心的港湾，家居服也一样。

一天中最舒服的时刻，大概就是进门踢掉鞋子、打开音乐、换上家居服、用喜欢的杯子泡一杯爽口的茶，不紧不慢地做自己喜欢的事情吧。而在家里面穿着的服装，会陪着我们一起体面地送走今天，坦然地迎来新的一天。

我们应当把每一天的着装都当做一个小小的作品，表达出打动我们自己的东西，然后再打动他人。打动，不是表面的华丽和惊艳，而是将舒服的美放在对的场合。千帆阅尽，美还是会回归到一颗得体的心。

穿搭看起来是一件极其表面的事情，但它实际上是在直接地向这个世界表达你对待生活的态度，表达你对待各种场合的礼节，表达你和他人在一起时的静默语言，表达你是否真正爱自己，表达你是否懂得服装所代表的深意，表达你是否值得被尊重。

学习穿搭，要学的不仅是穿搭，而是穿搭背后的种种人生课题。

第二章

礼仪篇

1

礼仪，让我们更加有温度

礼仪，不应作为一门知识被培训出来，它是一个人生命内核的一部分，是家庭氛围或言传身教的结果。

因为曾经做过多年礼仪培训，我发现即便是将迎来送往的每一个规范和标准都讲出来，即便是在本子上记得密密麻麻，即便是姿态手势一招一式都做得十分漂亮，但如果没能带着温度和生命气息，一切都只是形式而已。

曾经听朋友分享过一个故事：假期送孩子去学习少儿礼仪课程，有一日，一家人围坐在一起吃饭，因为妈妈吃了盘子里的最后一颗枣，孩子很不乐意，就对爸爸说："妈妈吃了我的枣，真讨厌，爸爸快打妈妈。"爸爸听完后诧异地问孩子："你说什么？"孩子顿了顿，坐直了身体，伸出右手，五指并拢，用手掌标准地指着妈妈，对爸爸说："请爸爸打妈妈。"

听完朋友的讲述后，在场的人都捧腹大笑。这就是现在一些礼仪课程教出来的结果，不仅是孩子，成人课堂也一样，所以，我们不得不深思什么才是真正的礼仪。

说到礼仪我想大家都不陌生，并且都有这样一些印象，似乎它要将我们引向一个规矩却不怎么轻松的方向。有人说，礼仪就是一种束缚，它总是告

诉我们，你必须这样、你不能那样；有人说，礼仪就是学会八面玲珑、左右逢源、巧舌如簧的一种手段；有人说，我们日常工作都在用礼仪啊，不就是来有迎声、问有答声、走有送声，微笑露出 8 颗牙齿，有标准规范的手势吗。但是我们仍能看到一些服务窗口的人被训练得像机器人一样，他们用着礼貌用语，有着标准的手势表情，但这些看上去更像是一种冷冰冰的外在的东西，完全没有发自内心，没有生命力；还有人说，礼仪只是一些人彰显身份的一种表面武装……

如果礼仪被认为是这样的东西，那也太过表面，甚至是太过虚假。

梁漱溟先生说："礼的要义，礼的真意，就是在社会人生各种节目上要沉着、郑重、认真其事，而莫轻浮随便苟且出之。"

我家小区门口有一位卖煎饼果子的小伙子，不论刮风还是下雨，严寒还是酷暑，我每一天都能在固定的时间固定的地方见到他忙碌且快乐的身影。在他周围有很多卖早餐的，但没有一家能够像他一样每天都坚持出现在老地方，让来吃早餐的人非常有安全感。

无论多忙，他始终面带微笑；无论多忙，他总是将做好的煎饼果子双手递给你；无论多忙，他总会说一句“你好”和“慢走”，并且不卑不亢，每一天都如此。他的摊前总是有很多人，有背着书包的小学生，有西装革履的上班族，有手提菜篮子的老人，但几乎看不到他们冷漠的表情，听不到他们催促的话语。虽然我不爱吃煎饼果子，却愿意为了感受这些自然流露的细节而一周买两三次。这个时候，令人留恋的已经不是餐的味道，而是一种源自心底的温暖。

有一天，我忍不住在等煎饼果子的时候和他聊起天来。我说你和其他卖早餐的人很不一样，你知道吗？你看上去不是在卖早点，你更像是在享受这件事情。他沉默了一会儿说，几年前的一个冬天，他父亲有一次去吃早点，手不小心被一辆自行车划破了，那位卖早点的老板娘看到后，从早点摊下面的袋子里拿出自己的手套递给他父亲，说：“老人家，天太冷，快戴上，包子还得等一会儿，小心伤口冻严重了……”父亲回来给他描述这件事情的时候是眼含泪花的。这样一个举动让他开始思考，人工作是为了什么？过了一个月，他放弃了稳定的工作，决定卖早餐，这一做就是四年。

他最后说：“我时刻都会想起父亲描述的那个场景，我希望做一个在早晨就带给别人温暖的人。”

我想，他并不一定懂得什么是礼仪，什么是交往艺术，但是他做的这一切——每一个微笑、每一次伸出的双手、每一句贴心的问候和真心的告别，都是他送给世界的关爱，是对另一颗心的理解。其实，这才是真正的礼仪。有温度的美，首先要入心。

礼仪，这个可新可旧、可洋可土、可轻可重、可冷可暖的词，会让懂它的人生出无限敬畏和真诚。在这门功课上，我们要修的实在太多了。

2 作为女人，我们更需要礼仪

当我们说一个女人漂亮的时候，通常会聚焦在她的容貌和穿着上；但当我们说一个女人很美的时候，我们会品味出更多的层次。

因为工作原因，我接触过很多看上去很有礼貌的女性，但总会从这些礼貌中窥探出一些优越感、一些表演感或者一些敷衍感。

想要做出有礼仪的样子很简单，但若要让人感到发自内心的尊重和谦卑、理解和关心，却并不容易。

一位关系很好的合作伙伴曾经说："总有人问我，如何能做到贴心耐心地对待每一位客户？怎样的心态才能将端茶倒水这样的琐事做得那么好？其实，我心里想得很简单——无论他们是谁，都用对待家人朋友的态度去为他们倒一杯水，认真听他们说话，送别时将他们送出门外……这些是每个人在日常生活中都会做的事情，不要觉得自己在放低身段为别人服务。"

我发现有几次她没在的时候，那个空间里，从物体的摆放到对客户的接待都失去了生气。就好像一间原本充满美妙音乐的房间，音乐戛然而止，只剩一片空洞的寂静。

一个女人不懂礼仪，也许表面上看她

并没有缺少什么东西；但一个女人一旦拥有礼仪，她就好像一株向阳生长的植物，青翠欲滴，生机盎然，并能为周围的环境带去一处赏心悦目的小景和一股向上勃发的生命力量。

精致的穿搭可以为一个女人带去外表上的美，然而礼仪就像一个神秘的催化剂，能让你那美丽的外表被别人发自内心地欣赏，当然，也可能成为一种讽刺。

有一次在餐厅用餐，选了靠近落地玻璃的位置坐下。因为我喜欢透过玻璃看来往的行人，品味她们的服装，更喜欢从那些生命状态中感悟礼仪的瞬间——那是无须提前准备、自然而然流露出的美好。

只见一位衣着讲究的漂亮女士，优雅地向餐厅大门走来，然而她下一刻的举止令我想捂上自己的眼睛——她抬起腿，用一只脚“推”开门，继续优雅地走了进来……

如果美是静态的，那么没有一种美能长久。

如果礼仪是给别人看的，那么我们永远无法获得内心深处的真实。

3

眼神和微笑会说话

在这个偏重颜值和衣品的时代，大多数人往往忽略了眼神，因为那需要比外形更久的时间来领悟和解读。在这个天天都呼喊着学习成长的年代，太少人会关注到眼神的“修”和“养”，因为他们不知道眼神的小世界有多么丰富。

在穿搭美学课堂上，每个人面前都会有一面镜子。它不但能将你的面容和变装后的造型诚实地呈现出来，更会记录下你每个瞬间的眼神交流。

眼神不会说话，却无时不发声。它会说：我累了、我烦了、我怕了、我假装、我抗拒、我怀疑、我不服、我骄傲、我嘲笑、我不信任……当然，眼神也会说：我陪你、我愿意、请放心、有我在、要勇敢、你很美、谢谢你、我在聆听、我认同、我想你、我信任你……

当我们与人交谈时，给予眼神的关注是最基本的礼仪。

比如放下手中正在做的事情。我见过很多边做事边和人交谈的情景，嘴上说着“你说，我听着呢”，但却吝啬眼神的交流和回应。之所以用“吝啬”，是因为原本可以给予，却不愿给。

比如让身体尽可能正面对着对方。当

你和别人并排而坐交谈时，如果你只是扭过头而不动身体，或者只是用眼睛斜着看他而不动头，这些看似无关紧要的举动其实是人与人之间感觉传递上的阻碍。有时候莫名不喜欢一个陌生人，就是因为感觉不舒服，这种“不舒服”可能就来自于他的眼神。

比如随着谈话内容和情绪的变化来调动眼神的情感。很多人喜欢别人用“猜不透”来形容自己的魅力，但眼神要有接地气的热情和让人可以读懂的温度。有些人总是用冷至冰点的眼神回应一切，好像是一种质疑、一种审视、一种“与我何干”的状态。还有一些人会视交往对象的身份来决定眼神的友好度……

所以，眼神中流露出来的信息是无法伪饰的，它与内心的真情实感有关。请相信，如果你带着一颗真心，时间会让你的眼神变得更加有层次。所以，请保护好自己的双眼，不要让它充满迷茫、无趣、乏味和厌恶。当它清澈时，美好才会流入。

在“表情的力量”课前，我会让学员们穿着无彩色的服装，不戴任何配饰，并且素颜来上课。刚开始她们会觉得很没自信，因为在“穿搭美学”初阶课上学会了搭配后，每位女士都会在课前精心地打扮好自己再迈入课堂。而在这节课上，她们以为课堂上拍出的照片会因为缺少了着装的点缀而无比暗淡。穿搭是为我们锦上添花，而“锦”则是有温度、有生命气息、有美好表情的自己。那天照片中的她们没有因为黑白灰的服装而黯然失色，没有因为缺少配饰而索然无味，没有因为素面朝天而面容憔悴，相反，关注到表情的力量，觉察到眼神的温度后，她们更美了。

不仅是眼神，一个发自内心的微笑也能恰到好处地表达一个人的礼仪。能够每天管理好自己的情绪，保持快乐的状态，并将这份快乐传递给孩子、爱人、家人、朋友和陌生人，与他们一起营造幸福感，这样的人真的很厉害。毕竟生命给了我们太多美好的东西，当我们内心感到丰盈、快乐和满足的时候，我们面部呈现出的状态一定是和颜悦色的，更多地表现为“微笑”这个表情；而当我们要表达教养时，微笑也是很具感染力的表情。但在成年人的世界里，微笑变得越来越稀缺，谨慎和目的性的表情却越来越多。

曾经看过一个视频叫“微笑的力量”，视频的前半段是三组成年人遇到了一些小小的摩擦：被人抢了车位、被人撞掉的文件散落一地、被人泼了一身咖啡……愤怒和争执一触即发。这个时候，视频转到了两个小孩玩滑梯的画面，后面的孩子不小心蹬到了前面小朋友的后背，但他们却相视一笑，继续玩耍。当后半段视频中的成年人们用“报之以微笑”代替了争论甚至是暴力时，世界好像顿时有了色彩，那一刻的他们都很美。这才是一个人最热乎乎的礼仪和教养。

现在很多服务型企业都会邀请礼仪老师教员工微笑标准。例如露八颗牙齿，例如三米以外要看到微笑，例如无论服务对象是怎样的态度都要微笑面对……这样导致的后果是，微笑变成一种形式，变成一种考核项目，变成工作中的负担，一旦下班后就如同解放了一般，不想再笑，而工作中的笑容也失去了生命力。

任何礼仪如果不发自内心，都是一种表演。在一次采访中，有一位外国人问李连杰：“你认为最厉害的中国武器是什么？”他说：“微笑。”这位外国人又问：“那武术最高的境界是什么？”他说：“是爱。爱你的朋友，爱你的家人，爱你的同事，爱你的‘敌人’，爱陌生人，带着微笑去爱，微笑没有对手。”

请相信眼神的力量，请相信微笑的力量，请相信心中有爱的力量。生活中难免有冷漠与不解，委屈和失败，摩擦和矛盾，但只要我们拥有一颗充满关爱和理解的心，一定能化冷漠为热情，化不解为相知，化委屈为勇气，化失败为光芒。

4

举手投足也要带着情感

2019年上映的电影《中国机长》给我留下的深刻印象中，除了机长在危急时刻的力挽狂澜，机组人员在混乱时刻的专业素养外，还有一些打动我的手势细节让我久久不能忘记。

影片中，飞机失控后剧烈晃动，乘务员此时正四散在飞机的各个部位，乘务长让大家报告各自的位置，只有被气流吸起来又重重摔在地上的5号乘务员迟迟没有动静。全机舱的人都在喊她，就在所有人都以为她因缺氧醒不过来的时候，餐车后面伸出了一个颤抖又坚定的大拇指。看到5号乘务员有惊无险的那一刻，所有乘务员都纷纷向乘务长伸出了大拇指报平安。这并不是普通意义上的点赞，而是飞行中表示“安全”的专业手势。在那一刻，这个手势是如此饱含生命力。

飞机平安降落后，管制局人员上机检查情况。当他走进驾驶舱，看到挡风玻璃完全掉落时，他默默地凝视了驾驶舱片刻，走出去后，郑重地握住机长的手，轻轻说了一句：“你怎么这么牛！”

这两个在日常生活中平常到不能再平常的手势，却在那两个时刻显得如此有分量。这让我想到了蒋勋先生曾经说过的“以手传情”，以及他讲到的罗丹的雕塑作品《大教堂》，还有其

罗丹雕塑作品《大教堂》

他作品《上帝之手》《情人之手》等，这些手的力量，虽然看上去只是抬起来或者轻轻地一触，但却是内心的千钧之力。

不要在遇到生死攸关的大事后再带着情感、发自内心地伸出手，而要在每一次普通的举手投足中都让他人能感受到你的投入、谦卑和力量。毕竟，细节的美感，日常的重视，才会让人心底柔软。

我曾经去一家企业上课，走到前台询问会议室的位置时，前台那位漂亮的工作人员正在和同事聊天。听到我的询问后，她依旧保持着聊天时的姿态，只是扬起下巴示意了一下会议室的方向，完全没有伸出手臂指示一下的打算。这也是我最怕看到的——一些容貌、身材、穿衣都无可挑剔的女士，却因为一些看似简单的举止而令那份漂亮一触即碎。

在人际交往中，举止常常被忽略被轻视，而事实上，它的重要性超乎想象。当我们用语言交流的时候，可以表达出很多东西；但当我们不说话时，我们一举手一投足的这些非语言表达出来的信息更丰富、更深刻。

在“举止连心”的课堂上，我曾让一位女士提前准备一个作业：不说话，只用肢体语言做一段 6 分钟的分享。那天的那 6 分钟，她没有只言片语，只用身体语言向大家讲述了一个芭蕾舞女孩的故事，并在展示过程中邀请课堂上的其他伙伴参与进来，一起感受肢体语言的魅力。那个瞬间，我掉了眼泪。

在为期三个月的课程结束时，她分享道，那次的作业让她记忆深刻，她本来要打退堂鼓的，但还是咬咬牙认真做了准备。正是那次坚持，让她看到了自己的另一种生命，深深感受到肢体语言的神奇力量。

我们身体上的每一个部位，其实都在表达我们是怎样的一个人。尤其是下意识的举止，它是骗不了人的，只有日常在举手投足间用心，美才会一点一滴渗透到我们的身体里、生命里。

5

如果你愿意倾听

我曾参加一位荷兰老师的亲子瑜伽课程，在课程的后半段，老师将家长集中在一起，分享一些亲子瑜伽的理念和课程中用到的故事、游戏、音乐背后的意义。

当时老师手里拿着一张儿童瑜伽图，一边介绍图片上的各种体式，一边分享这些体式与健康、心理、生活的联系以及曾经发生过并打动他的故事。我看到很多家长都拿出手机，试图拍下老师手中的图片。图片随着老师的手势和体态左右晃动，有趣的是，手持手机的家长们表面上好像听到了老师的分享，一边点着头，一边依然随着老师身体晃动的节奏追着拍照片，期待老师停下、图片静止的那一刻，继续频繁按下快门……

最后，也许他们拍下了一张清晰完整的照片，但却错过了这张照片背后真实的故事和老师带着生命智慧的理念。他们也许忘记了，自己来这里真正要收获的不是满满一手机照片，而是老师拥有的泛着星光的眼睛、豁达又天真的笑声、年逾六十依旧高涨的热情以及孩子们毫无陌生感地追着他嬉戏的魔力。

当老师让大家提问的时候，只要有家长发言，老师就一定会探出半个身子朝向他，安静专注地倾听。那一刻，我仿佛听到了心与心碰撞的清脆声响。就如同毕淑敏老师说的，倾听是老老实实的活儿，来不得半点虚假和做作。

现在有很多沟通课程和书籍都会教授一些技巧。例如，如何在三分钟内阐述完你的观点而不让对方打断，用什么样的词汇和语调能压倒对方，怎样提问能让对方感兴趣等。好像都在教人们如何去“说”，如何主动，如何占上风，如何快，却忽略了“听”才更能达到心灵交流的美好境界。

有段时间特别喜欢看各种表演类节目。一直觉得，演员在台上就是还原部分生活，如果表演痕迹过重，只想着各自的戏各自的台词，就无法让人感到语言间情感的流动，而没有情感上的交流，就难以真正托起一部戏。

其中有个片段令我印象特别深刻——一位演员用绿色荧光笔勾画出自己的台词，表演老师当下便指出：“只标注出自己的台词，你就会只关注自己的台词而忘记了去听他人的台词。最重要的是去听别人的台词，因为你的表演在别人的台词里，而不在你自己的台词里。”

说得真好。表演不是背台词，而是真实地交流。表演尚且如此，更何况生活呢?

倾听，要有身体上的“听”。前倾的身姿，互动的眼神，同步的表情……这是很容易做到的，却太少有人合格。

倾听，更要有一颗心的参与。要把对方装在心里，因为他一定能感受到你是敷衍还是真诚，是表演还是真实，是包容还是抗拒，是傲慢还是谦卑。不要做视而不见、听而不闻的人。

倾听到的东西才是真正的馈赠。得体地说和优雅地听，才能与美丽的外在形象一道，共同表达出一个拥有美丽精神气质的你。

6

那些透过手机传递出来的修养

无论在课堂上还是会议中，我都对那些几乎不会拿出手机的女士颇有好感；如果能再看到她们从包里取出本子和笔，那我一定会忍不住去欣赏她。相反，我见得最多的是举着手机“咔嚓”一声拍下各种照片或在某个软件上埋头打字的情形。

记得一次课堂上，看到一位女士一直低头用手机打字，我当时的感觉是：她很忙，或者我分享的内容没有吸引到她。在后来的课程中我才慢慢了解到，她是在用手机记笔记，她甚至将我说的每一句话都在手机软件上敲了出来。但总是埋头看手机会造成不必要的误会，会让关注点转移到手机上，而错过了倾听和互动。

随着高科技的发展，人们将更多的交流时光用在了微信上。微信为我们提供了方便，更吸引人的是，微信里仿佛是另外一个璀璨的世界，永远不会让人感到孤独，吃饭、遛狗、晒娃，勤奋、忙碌、享受，幸福、荣誉、美丽。

在微信朋友圈里看到的都是一派美好模样，但当使用微信交流时，往往感受到的是缺少分寸、猜忌、无礼……好像在微信上，大家自然成了很熟络的朋友，可以省去最起码的礼貌问候，随时发来一些投票、领取免费名额的二维码、拉你入群、要求点赞等信息，却在节日需要送上真心祝福的时候，复制粘贴同一模板转发群发。

当然，总有一些让我十分尊敬和欣赏的人，他们有原则、有态度，更懂得如何让每一个细节都认真用心，有节有度，手机内外两个世界中同样优雅礼貌。

如今，大概很少有人出门不带手机，手机已经代替了钱包，代替了相机，代替了地图，代替了书本，代替了笔，但请别让手机代替情感，代替生活。

7

不要忽略 3 秒钟就可以完成的 50 个小细节

伏尔泰曾说过："使人疲惫不堪的，不是远方的高山，而是鞋子里的一粒沙子。"让人充满美好生命气息的，就是无数"小事"的累积。时间以同样的方式划过每个人的指尖，而每个人却用不同的心态和礼仪来对待时间里的人、事、物。

当拥有了一颗充满理解和关爱的心之后，你可以关注以下这些 3 秒钟就可以完成的细节，并将它们融入生命。

（1）无论在哪里，请随手关上使用过的灯。

（2）在公共场所进门时，请下意识关注一下后面是否有人，为他多扶 3 秒钟的门或门帘，这是一种爱的传递；当然，有人为你扶门时，请加快脚步并且给予感谢。

（3）挂电话前请等一等，尽量做到让对方先挂电话。

（4）递接东西时，请停顿片刻，等待对方拿稳后再松手。

（5）下雨天和迎面走来的行人擦肩而过时，请将雨伞倾斜到另一侧。

（6）向别人递上尖锐的物体时，请将锐利的部位朝向自己，例如剪刀、刀子、手钳、笔等。

（7）扎高马尾的长发女士在排队时，别让头发甩打到后面人的脸上。

（8）在洗手台洗过手后，将手上的水甩在水池内或用纸巾擦干，避免甩在洗手台上或者地上。

（9）学会等待服务和感谢服务。

（10）公共场合推门的时候请小心翼翼。

（11）背着双肩包，尤其是包中装着太多东西进入拥挤的场合，例如地铁，记得把背包拿下来提在手上。

（12）当有人请你发一个电话号码时，请打出数字发给他而不是截屏发给他图片。

（13）别人请你看他手机相册的照片时，未经允许不要擅自左右滑动。

（14）和别人交谈时，记得摘下耳机。

（15）指示方向时，尤其是指向某人，请用手掌，而不用单个手指。

（16）经常说“谢谢你”和“请”，这是最普通的谦卑。

（17）敲门时，记得音量适中，连续敲三下后要停顿片刻。

（18）等电梯时，请站在电梯门两边，中间的通道让给出电梯的人。

（19）在餐厅吃完饭，记得把桌上的垃圾收拾到一起，方便服务员一次性打扫。

（20）路上接到的传单，即便要扔掉，也选一个发传单的人看不到的位置；如果不愿意接受，也请微笑拒绝。

（21）在交谈时，请将“你听懂了吗”换成“我说清楚了吗”。

（22）和别人约好后，做到准时；如果有突发情况，第一时间告知对方。

（23）拜访朋友时，记得带一份表达心意的小礼物。

（24）让自己使用过的洗手间尽可能保持清洁。

（25）给别人递上杯子时，请记得放在他的右手边，并挪动杯子手柄朝向他。

（26）雨天进入室内前，请处理干净鞋子上的泥水。

（27）进入电梯后，请等3秒再关门。

（28）起身告辞时，请将别人接待你用的一次性杯子一并带走。

（29）坐完的椅子请摆回原处。

（30）请养成等红灯的习惯。

（31）如果是最后一个进门的人，请记得关上门。

（32）记得不要从正在交谈的两个人中间穿过，请绕到他的背后通过。

（33）无论是打电话还是微信语音通话，说事之前请带上称呼和问候。

（34）请得体地使用幽默感。

（35）在超市已经选好的东西又决定不要时，请放回原处。

（36）买东西时，请将钱递到对方手上，而不是放在桌子上，尤其不能扔在桌子上。

（37）坐地铁时，请不要将身体整个靠在栏杆的扶手处。

（38）和别人一起用餐时，请放慢速度，照顾吃饭慢的人。

（39）当有人走向你或者熟人走进门时，请站起身打招呼。

（40）给他人递水递饭请用双手，同时，别人为我们递水时请用手扶一扶。

（41）在公共场合看视频时请降低音量。

（42）对待物品同样要有尊重的态度，轻拿轻放。

（43）与别人见面时，请给对方一个得体的会面礼，例如点头、招手、握手、拥抱等。

（44）下雨天开车时，请减慢车速，尤其在有积水的地方。

（45）倾听时，请用肢体、眼神、表情用心呼应。

（46）学会笑，养成爱笑的习惯，好心情和好运气一定会常常伴随你。

（47）养成睡觉前检查是否有微信忘记回复的习惯。

（48）添加别人微信时，请注意三要素：称呼、问候、自我介绍。

（49）常常换位思考，学会运用微信表情，多用那些看到就让人感到美好和温暖的表情。

（50）学会让自己的微信环境美好起来，无论是微信交谈还是发朋友圈，留意每一个细节。

有些东西是日新月异的，比如科技；有些东西是亘古不变的，比如优雅和爱。谦让，但别过于卑微；学会仰望，但别妄自菲薄；多一些善良，多一些讲究，多一些理解，带着一颗充满爱的心，优雅地做好每一件小事。

8

职业场合礼仪实例指导

礼仪不是一纸规范的文字、一套奖罚的尺度、一组标准的动作。真正的礼仪，是那些从心底发出的接纳和尊重，是民族传承的精神，是企业内在的灵魂，它会借由我们的形象、举止、表情和言谈表达出来，应该是我们生命中最有温度的声音。

迎来送往礼仪

请客户来公司参观，我负责引导，怎么做才算礼数周全？

很多人觉得要有接待礼仪，即从见面到告别期间要注意举止。其实远远不止，你应该从联系客户时就注意礼仪，提前确定好这些信息：客户会来几个人、分别是什么职务、姓名和性别、预计来访多久、是否需要在公司用餐、有什么忌口等。

有一个环节非常重要：在见面前，要认清来访客户中的负责人。如果你此前并没有面对面接触过客户，那你可以看看客户的朋友圈，或者在网上搜索，记住客户的长相。也可以问接触过的同事，来访者中负责人是哪位，怎么称呼，长什么样子，确保不认错最高负责人。

来访当天，在客户到达之前，你要随时在微信、电话上掌握他的动向，提前5~10分钟下楼在大门口等候，并告诉客户如："我在某某大厦的大门口等您，穿红色大衣、黑裤子的就是我"。当远远看到客户下车走来，你要加快步伐迎上前，让客户感到你的热情，在离客户两三米的时候，稍微放慢步伐，稳重地走过去，体现你对他的重视和你的沉稳。

见面后主动握手问候，同时做自我介绍。主动握手会让客户感到你的欢迎之情，比客户主动伸手来握更好。自我介绍要包含三个要素：公司＋部门职务＋姓名。比如：你可以伸出手的同时说："王总，您好。我是某某公司某某部门的某某，欢迎您来参观。"

不要忽略到访的任何一位客户。和大负责人握完手后，也要一一与其他人员握手问候；如果多于3人，点头问候即可。如果你的领导也在，那你在互相介绍时，要遵循"尊者先知情"的原则，先将你的领导介绍给客户，紧接着按从高职务到低职务的顺序，将客户介绍给你的领导。

引客户进门时，要走在客户左前方1~1.5米，表示"以右为尊"。如果客户多于5人，你们的接待人员至少需要2位，你在前面引领，另一位在最后，关注走在后面的客户。凡遇到转弯、岔路、上下楼，都带上语言的提示。你可以一边说"您好，这边请""前面向左转""我带您上楼，请小心台阶"，一边身体微微侧向客户，用手臂来指示方向。注意，不要用一根手指头去指。引导客户上楼梯时，应该让客户走在前面，你走在后面；下楼梯时，你走在前面，客户走在后面。如果要上楼超过两层，应该每到一层就说"这是第几层"。

搭乘电梯，要记住"安全为上"的原则。如果电梯里面有人，你先不要进，而是在外面按住开门按钮，伸出另一只手请客户进入，自己最后进，站到电梯内控制面板附近；如果电梯里没人，请客户稍等，自己先走进电梯，按住按钮开关，另一只手邀请客户进入；出电梯时，要等客户都走出去后再出电梯，并快步跟上。

把客户带进会议室或者办公室时，记得向客户提示："就是这里。"一手拉住门，另一只手邀请客户先进入。

室内的座次礼仪遵循"以远为上""面门为上""长沙发优于短沙发"的原则。会议室中，你要请客户坐在靠里面、离门远、但是能面对门的位置；办公室中，优先请职务高的客户坐在长沙发上，长的如果坐不下，职务低的可以坐短沙发。

客户一落座就应该奉上茶水。如果公司有两种以上的饮品可以选择，一定要主动询问："我们公司有咖啡、矿泉水和热茶，请问您喝哪种？"递饮品时，几个细节需要注意：倒茶倒水别超过杯子七分满；端茶杯的手拇指不要碰杯口，那是客户嘴巴接触的地方；两杯以上的饮品，最好用托盘端出；建议将杯子放在客户的右手边，而不是左手边；如果杯子有握柄，将握柄的方向放在客户的右手边。

有始有终，做到"在哪里接，也要在哪里送"。如果是从公司门口接的，就送到大门口；如果是从酒店接的，也要送回酒店，让客户在最后一秒仍然能感受到被尊重。

我是销售，上门拜访客户时想要表达尊重，又不想太刻意，怎么办？

无论你是什么身份、职务，上门拜访的姿态都应该是不卑不亢。既不能失礼于人，也不能过于迎合。最重要的是，要有人情味儿。

在拜访之前提前预约，这是基本礼仪。一般情况下，至少应提前 2~3 天电话预约，打电话要避开休息和用餐的时段；拜访的前一天，再以微信提醒对方。在拜访前，要初步了解客户。你需要知道：对方的职务、性别与你的拜访目的有什么关系（如他是否是能拍板决定成交的人），你需要对方为你解决什么问题，你这次去需要获得什么结果等。

拜访客户一定要穿得郑重。可以选择“西装套装 + 衬衫 + 船形鞋”的职业套装，也可以选择“西装 + 阔腿裤 / 过膝半裙 / 职业连衣裙 / 衬衫裙 + 船形鞋 / 简约踝靴”等知性优雅的款式。

拜访的最大忌讳就是迟到，理想的时间是提前 5~10 分钟到达。万一不能准时到达，务必提前半小时左右通知对方，表达歉意。如果迟到了，见面后不要说“十分抱歉，让您久等了”，这会让对方觉得“自己受了损失”。建议你说 “非常感谢您的耐心等待”，这种感谢的话语会给对方带来积极的情绪。

如果对方没有亲自来接你，而是由前台人员引领你进去，那么注意，在进入办公室或者会议室时，无论门是否开着，都要记得敲门。进门后第一时间与客户握手问好，如果是第一次拜访客户，要先简单地用“公司 + 部门职务 + 姓名”这三个要素来做自我介绍。

入座时遵循“客随主便”的原则，客户请你坐哪里，听从就好。如果你是和自己的领导一起去，那么你领导可以坐在客户的右手边，或者接近客户的座位，而你则坐在领导旁边。坐的时候尽量只坐椅面的前 2/3，这样能让脊背直立，显得很有精神。落座后，将手提包放在地上，靠桌边或者沙发边皆可，千万不要放在桌子上。

开始交谈前，提醒你注意一个重要的细节：不要把手机放在桌面上，应收进兜里，并调成静音。这样能显出你全心全意都在客户身上，对他特别尊重。交谈时，不少人只是将头转向正在说话的客户，这固然对，但还不够，正确的做法是把整个上身都朝向对方，并略微前倾身体，表示你在专心听。

交谈中，不要一直微笑，而要根据谈话主题来调整表情。如果客户比较热情，那你也多露出真诚的微笑；如果谈到了价格等比较敏感的话题，客户表现得比较强势，这时你再笑就容易有谄媚之嫌，保持平静的表情就好。

客户在表达的时候，你要用眼神给他回应。但不是让你自始至终盯着他，而是可以看他眼睛或者眉心几秒后，眼神向周围轻轻扫视 3 秒左右，再回来继续看他的眼睛。这样既表现你对他的关注，又不会让他感到压力。

交谈的时间控制在30分钟以内最好。这要求你在拜访前整理好拜访主题、谈话思路、交谈重点和语言措辞。如果看到客户频繁看手表、接打电话、做总结语、注意力不集中等现象，表明谈话该结束了，建议你体面地收尾。

无论拜访是否达到了你的目的，都要礼貌地道别。告辞时，要先感谢客户对你的接待，如“谢谢王总今天的指教”，然后握手道别——很多人此时会忘记握手。转身走几步后，别忘了再回过头来挥手致意。

餐宴礼仪

想和领导一起宴请客户，担心自己不得体，应该注意哪些礼仪？

宴请礼仪看似是餐桌上的相处艺术，其实在宴请前就要细心地做好准备。精心挑选环境是事半功倍的好方法。在菜品优良、服务贴心的基础上，选择餐厅时，可以考虑餐厅的氛围是否符合此次宴请的主题。比如比较私人的宴请，就要考虑私密性和安静优雅的氛围；比如客户喜欢古典文化，就可以选择古香古色的餐厅环境；比如客户在吃完饭要赶飞机，则需要选择交通便利且距离机场近的餐厅；如果是从外地远道而来的客户，有当地特色的餐厅会给客户带来惊喜，留下难忘的印象。

你的餐宴形象也至关重要，因为它不仅仅是形象，更是一个人做事的态度。如果知道当天有宴请活动且没有时间回家换衣服，就要在清晨出门的时候穿戴得体。除了商务休闲着装“西装 + 过膝摆裙”“衬衫 + 过膝铅笔裙”外，也可以穿社交场合中的“过膝小黑裙”。女士的裙装相比裤装更适合宴请这种社交场合，因为相比职业场合，宴请的氛围相对较为轻松。也可以选择一些女性化、有亲和力的颜色并佩戴一些配饰，比如丝巾、胸针、珍珠项链等。

点菜是一项很复杂的工作。如果领导带着你一起来宴请客户，你需要提前做好工作。要了解清楚客人是否有饮食禁忌、宗教禁忌、健康禁忌。这些可以提前向客户的助理去了解，或者点菜前先询问。还要控制好预算。一般时间充裕的情况下，可提前安排好菜品，等客户入席后再请客户点几道菜。如果客户是外地的，尽量自己来点菜会更贴心。

菜品的搭配上，如果女士居多，热菜的数量和就餐人数相当就好，可以多点几道清淡的蔬菜；如果是年轻男士居多，热菜就以就餐人数加 2 为原则，肉菜也可以适量增加 1~2 道。商务宴请的目的不仅仅是吃饱，而要在吃饱的基础上注重口感、讲究搭配、关注饮食文化。如果每道菜都能让客户有出乎意料的视觉享受，从而促进食欲，那就是一次成功的宴请。

座次安排是中国饮食礼仪中最重要的一个环节。商务宴请的座次原则是：以右为上，以远为上，面门为上，餐巾折花最高的是主人位。职位高、地

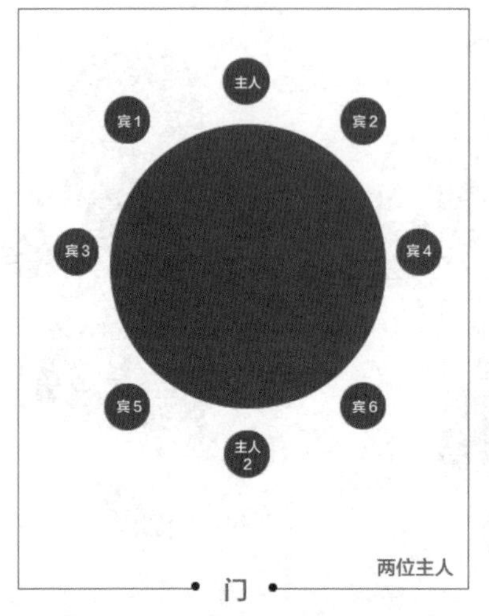

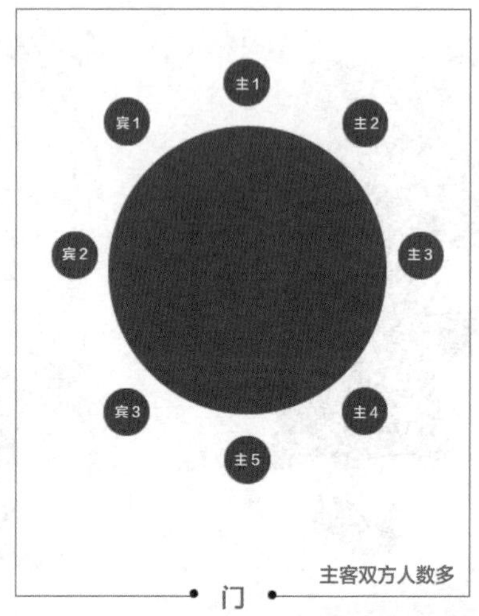

位高者为尊位，尊位坐上席，上席以背对墙壁、面对出口为原则。

饭桌上，客户方的大领导坐在你领导的右手边，客户方的二领导坐在你领导的左手边，以此类推，而你则要坐在距离门口最近的位置，方便服务他们；如果你方和客户方都有好几个人，那么你领导右手边一排坐的是客户方，左手边一排坐的是你们的人，也可以主方和客方的人交替坐。离门口越近，职位越低。入座的顺序是：主宾坐定后，次主宾再坐下，接下来是你的领导，最后你再入座。

用餐时，餐具的使用和一些进餐细节关乎个人的修养，它是我们从家庭里带出来的习惯，也能让客户看到一个企业的文化。

入座后，餐巾要对折再放于膝盖上，而不能一角压在餐盘下、另一角搭在腿上，避免席间需要随时站起走动敬酒时，一不小心将餐盘拉掉在地上；更不要把餐巾掖在领间。

筷子的使用要注意：每道菜上来先请客户动筷子；要注意“让菜不夹菜”，每上一道新菜，不要直接夹到客户碗里，为客户做介绍即可，比如“这道菜是我们这里的特色菜葫芦鸡，外酥里嫩，您可以尝一尝”；夹完菜后将筷子放在筷架上；不要把筷子插在碗里；不要筷子对着人指指点点；夹菜时，看准了再动筷子，别在盘子里挑来挑去；需要使用其他餐具时，先将筷子放下；夹自己面前的菜；一些需要用勺子和筷子取食的菜或汤水，要记得用公筷和公勺。

饭碗拿起来使用时，一般右手拿筷子，左手拿碗。始终保持桌前的整洁，取食有汤汁的菜品时，另一只手用勺子在下面接着，以防汤汁到处滴落；将骨刺菜渣聚集在一起，堆在盘子一角。

好的用餐举止会给人留下美好的印象，会让客户感到你在做其他工作的时候也是如此干净利落、一丝不苟。

敬酒在中餐宴请中是一项重要的仪式。在入座后、用餐前，先由主方领导站起身举杯对客户致欢迎和感谢语，一般这个时候在场的其他人也要站起来，即便不喝酒也象征性地举起杯子，这是开餐前一个很重要的仪式。

用餐过程中，敬酒需要注意三点：首先是“敬酒有序”。先由主人敬主宾，再由陪客敬主宾，然后主宾回敬，最后双方陪客互敬。这个顺序一定要事先理清楚，不能喧宾夺主。在敬酒中还需要注意：可以多人敬一人，不可以一人敬多人。如果你是领导，去敬你的下属们时是可以一敬多的。

其次是“敬酒有礼”。打算敬酒的时候，先看看对方是否在谈话或者嘴里有食物，等其方便时再去敬酒；要走到客户面前去敬酒，而不是隔着桌子；一般用餐中是由服务员或者主方的陪同人员，也就是职位较低的人员来斟酒，白酒倒满杯，红酒倒酒杯的三分之一即可；敬酒的正确姿态是：右手端起杯子，左手托住杯底，碰杯时，让自己的酒杯低于对方的酒杯，表达你的谦卑和尊重。

最后是“敬酒有词”。不能端起酒杯，走到对方面前干巴巴地说“我敬您一杯”，会显得很尴尬，少了诚意。喝酒需要情趣，而美好的语言可以让喝酒的氛围更加愉悦。建议你提前准备三五句得体的祝酒词，可以从感谢、祝福等角度出发，让客户感受到你的真诚。比如：“感谢 × 总亲自莅临我们公司，一直听我们 × 总提起您，这次终于有幸目睹您的领导风度，允许我用这杯酒来表达我激动的心情。”再比如：“× 总，敬您一杯酒，欢迎您来到这个城市，祝您这次旅途一切顺心。”

如果你陪同领导请客，在用餐即将完毕时，要算好时间，避开客户提前出去结账。不要等到客户都吃完饭准备离开时你才去结账，也不要等服务人员将账单拿进包厢，而是要在你结完账后，还能回来从容地为客户斟几杯茶。

最后给你分享一个小诀窍：好的音乐能够给商务宴请带来锦上添花的效果，建议你提前根据客户的喜好或者谈话的氛围来准备音乐，比如古琴曲、钢琴曲等。如果餐厅有相关的设施和音乐最好，如果没有，你可以带上小音箱，提前到场后将准备好的音乐播放出来，这样客户一走进包厢就会心情愉悦起来。

收到客户公司的周年活动冷餐会邀请函，代表本公司出席，应该注意哪些礼仪？

冷餐会是便宴的一种，不像正式宴会一样所有人围着桌子坐下来吃正餐，而是在一个场所中开辟一个取餐区，备上酒水、点心、小菜等，多以冷味为主，人们自由取餐之后，可以随意走动社交。

去之前，仔细阅读邀请函，尤其要注意地点和着装要求。一般都会注明“请着商务正装”等要求。有时邀请函只写了地点，没写着装要求，如果在高档酒店，男士可以选择商务正装，女士可选正式的小礼服；如果是普通酒店或露天场合，就选商务休闲装。可以参见下图：

当天建议提前 10 分钟左右到场，不需要去太早。因为去早了主人可能没准备好，且冷餐会不像正式宴会，场地里可能没有固定的餐桌，乱逛难免尴尬。到达后先找到客户，说几句祝贺和感谢语，并送上以你们公司名义准备的礼物，优先选花束或者花篮。花篮上别忘了放贺卡，写清你的公司，防止礼物太多，客户分不清。

在自助餐台前取食时，建议先绕一圈，对现场提供的食物饮品做到心中有数，然后再排队取餐。这能避免一开始取太多占满整个盘子的尴尬。取食时要多次少取，这是冷餐会的基本礼节。有些人可能觉得排队浪费时间，排一次就尽量多盛一些，但这其实有点失礼，建议不要一次把盘子装得太满，让食物层层叠叠摞着，基本覆盖了盘子底部就可以了。将之前取回的食物用完，再去取，不要拿着还有不少剩余食物的盘子取餐。

商务性质的餐宴，交际的意义大于饮食意义，切忌一直低头吃东西。有嘉宾发言的时候，要停止取餐或者进餐，认真倾听和回应。

有酒水的话，在走动式的场地中，建议你用左手握着酒杯，把右手腾出来，而不是像正式宴会一样右手拿酒杯，这样方便随时与人握手。拿高脚杯的正确方法是：握着杯柄或者杯底，不要握杯子的杯肚，以避免手的温度影响酒的口感，也不会留下指印。握着酒杯与人敬酒时，不要碰杯口，因为易碎。建议将酒杯微微倾斜 15 度，用你的酒杯肚碰一下对方的酒杯肚，会发出美妙的声调。如果你和对方距离较远，不碰杯也可以，这个场合要求不是太严，两个人互相举杯示意即可。

这是个扩大社交面的好机会，因此不要总是和自己熟悉的人谈话。其实，除了准备一些你擅长的、与工作相关的话题，还可以将眼前的菜品、环境、音乐等作为打开话匣子的钥匙，和陌生人破冰互动。

不论你在冷餐会待多久，离开的时候一定要向客户告别。如果要早走，最好给客户一个不好拒绝你的理由。比如“我回公司还有会”“还有项目要赶，任务重，得回去加班”等。

离开后，别忘了晚上或者第二天再给客户发一条微信，感谢他的邀请，并称赞冷餐会办得很好。少说“宴会特别成功”这种虚话，最好夸一个冷餐会的细节，表达你认真感受了。比如“环境、音乐选得特别有品位”“点心有新意，在其他地方很少见”。

有些东西是给外人看的，有些则是取悦自己。大多数人学习礼仪是为了更好地尊重别人，但尊重别人的那个自己也应该是越来越好的。愿我们都有这样的智慧，明白礼仪重要的不是讨好别人，而是做好自己。

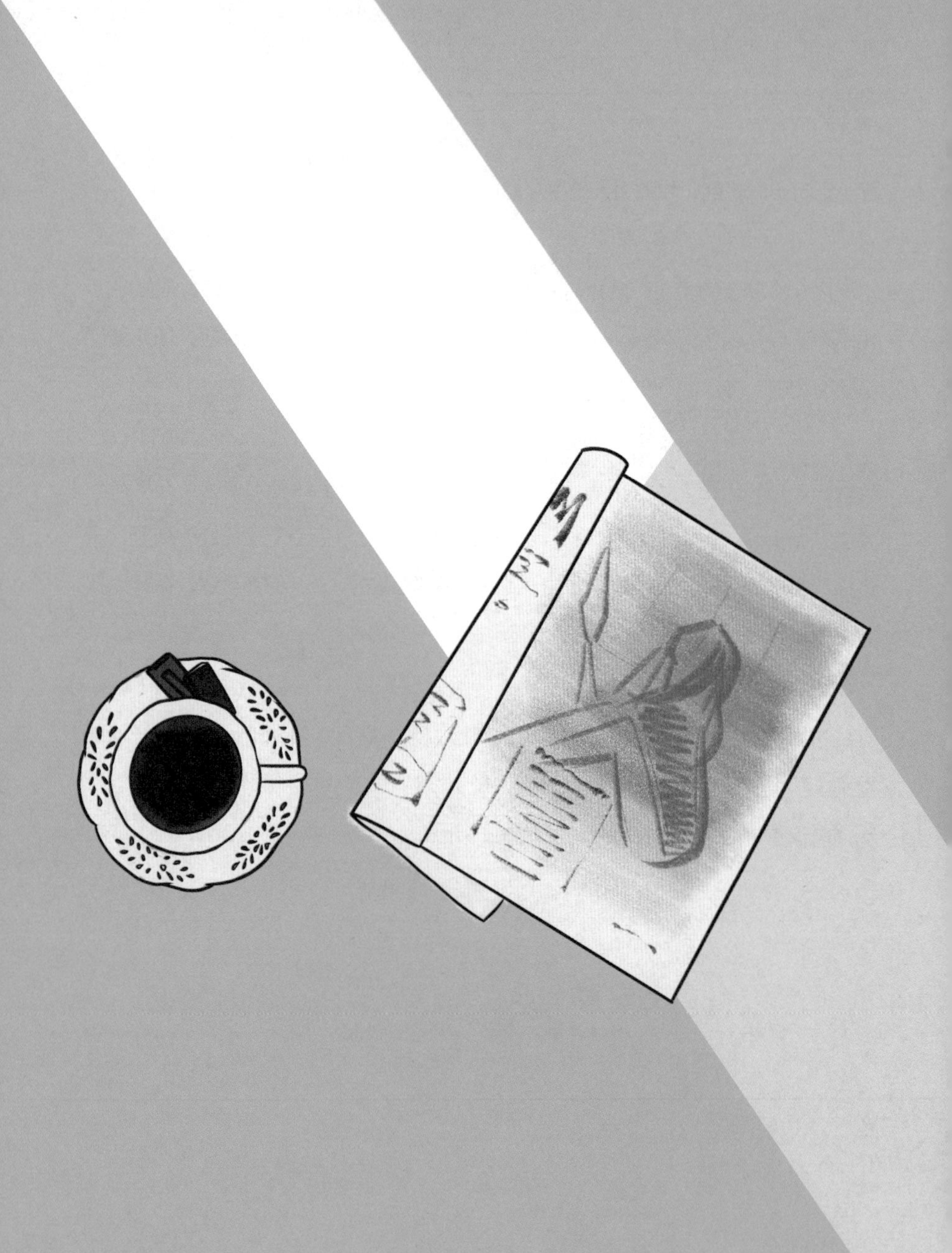

第三章

修心篇

1

在柴米油盐中依旧保持优雅

优雅，一定伴随着缓慢的脚步，安静的心，还有可以发现美的眼睛。

在生活中，优雅的人太少，因为总是忙碌。忙着计算数字，忙着掌控别人，忙着为下一代攒够资本，忙着等待退休…… 在课堂上，我不会只讲衣服、只讲穿搭技巧，在这些之前，我会和她们聊生活，聊心情，聊柔软的发现，聊好奇的探索。

如果无法用心体会柴米油盐中的小美好，这种长久缺失爱与美的感受的心灵就会枯竭，紧接着，就一定会影响一个人的相貌和气质。穿衣反映的是我们生活中的优雅，它应该更加靠近内心。

如今，人们的内心似乎并没有随科技的进步、物质的丰富而变得更加广阔，相反，我们的精神生活越来越无趣，情感越来越干瘪，语言也变得越来越单一，我们一直在喊着“买买买”“好嗨哟”，却很难表达出对一阵风、一朵花、一滴雨、一首诗的细腻感受。

不知不觉中，人们已经对时间失去了耐性，不能心平气和地与自己在一起，欣赏和品尝生命中那些看似微不足道的小事。其实，恢复这种平静的心情也是一种精神修养。

停下来，看看自己身边的生活，看看阳光落在地面上的形状，看看小鸟在枝丫上欢唱，看看花儿开了又谢果儿丰满，看看小孩子们吵闹后继续追逐嬉戏，看看院子里乘凉的老奶奶笑得依旧那么灿烂。

停下来，和亲密的人说说心里话，喝一杯不错的咖啡，读一本好书，和想念的人发个微信或通个电话，在阳台上晒会儿太阳，发会儿呆，吃一块令味蕾欣喜的蛋糕，骑单车去郊外的田野，听听风吹麦浪的声音。

放慢脚步，留心身边的一草一木，发现生活中的小美好，对四季变化的期盼，对诗意生活的追寻，从视觉、听觉、嗅觉、触觉开始回到当下，为真正的优雅生活种下一颗种子。

在柴米油盐中找回那些被我们遗失了的美好，为它们穿上美丽的衣裳，从今往后，不离不弃。

2

被花香唤醒的清晨

花朵，也常常带给我穿搭灵感，更带来每天清晨睁开眼的美丽心情。第一缕阳光轻身一跃落在花瓣上，幽幽花香飘向鼻尖，或艳丽或素雅的色彩瞬间让人心情变好，开启美好的一天。如果你的一天能从一瓶花开始，你一定会爱极了这天的每一秒。

我不敢想象，家中没有花到底会失去什么。从物质和实用的角度看，好像并没有少掉什么，生活中的一切照旧运转。《新世界：灵性的觉醒》一书中说："花朵极有可能是人类所珍视的事物当中，第一个没有实用价值而且与生存无关的。"蒋勋先生也曾经写道："这张桌子上如果少掉这盆花，其实没有少掉什么，可是也许就少掉了美。"

这些花朵，它们无法充饥，却可以让我们的心情时时充满营养。无论是案头花还是大自然里的花，都有抚慰人心的作用。

在穿搭美学的课堂上，每节课都会有一位心思灵巧的女士在我们的桌前插上不同的花。春天的迎春、牡丹、芍药、丁香、玫瑰和郁金香，眼前的景象就仿佛是将大自然的一角移植过来，百花齐放；夏天的百合、睡莲、千日红、木槿、栀子花，眼前的姹紫嫣红像极了夏天的心情；秋天的桂花、枫叶、棕榈、火棘果，即便是各种枯黄的秋叶也有无尽的沉静之美；冬天的蜡梅、沙棘、手球、竹子，让人在大雪纷飞的日子也能感到历寒不衰的生命力。

有一段时间无法出门，恰好收到朋友的一束花，有蜡梅、洋桔梗、跳舞兰、小菊花、翠珠花，有的含苞未放，有些已开得热气腾腾。将它们拆分开重新组合插在不同的容器里，放在书架上、书桌前、台灯下，每天为它们换一次水。如果不是近一个月未出门，竟不知这些花朵的生命力可以如此持久，真是万物有灵。

抬头间便可看到这些小小的生机，心情也随之充满生气和活力，也能领悟到，为什么长久以来，作为生命和美的第一象征的，永远都是花。读书之余，我会在便签上抄写书中喜爱的文字，用小夹子夹在花瓶上。眼前的美，从颜色、气味、形

课堂里的大自然

态到文字和思想，真是滋养身心，令人时刻充满热爱生活的力量。在没出门的日子，家里也因为有了这些花而不单调。

清晨的心情会影响一整天的状态。试想，如果你的每一天都是被花香唤醒的，那么每天都会是充满香气的一天。晚间伴着花香入眠，心里也会默默感恩这岁月静好的一日。

3

让音乐来“装饰”你的家

忙完一天回到家里，盥洗后打开音乐的时候；课程结束后回归宁静，独自听一首歌曲的时候；在街头偶然听到一首熟悉的旋律的时候，总会有一种感动涌上心头。这些感动曾使我不止一次地想到，如果没有了音乐，生活会不会像花儿失去了色彩，鸟儿没有了歌唱。

我喜欢让家里充满音乐，所以清晨起床一定先打开音乐，找来优雅的钢琴曲或者舒缓的大提琴曲，伴着旋律拉开窗帘，整理房间，喝一杯温开水。眼睛和手指所到之处，都充满了对新一天的期待。

下午茶时我会播放浪漫的法国香颂，它是与咖啡、甜点、红茶最相配的音乐。这些歌声会填满杯碟间的空隙，再随着茶饮进入身体里，滋养的不光是身体，当然还有心情。

看书和备课时，古典音乐是最舒心的背景。根据书籍和课程的主题来选择音乐是一个很迷人的仪式，它们会使我享受徜徉在文字中的过程，连创作出的课程也仿佛带着乐感。此刻写下这些文字的时候，是暖黄色的台灯和坂本龙一的音乐在陪着我，希望我越写越愉快，而你们也能读出欢愉。

音乐仿佛是家里的装饰物，它虽然是听觉上的感受，但却在很多时候有了形状，有了色彩，有了质地，让你处在那个空间的时候，仿佛眼前的一切都不一样了。音乐就是那么神奇。

早晨没有课的时候，我会去公园里散步，除了晨练的老人，看到最多的就是舞琴弄号的身影。有一天刚走进公园，便看到一位老爷爷一边摇晃着身体吹着笛子，一边跟在老奶奶的身后。老奶奶一边背着双手迈着轻盈的步子，一边带着迷人的笑容不住地回头，嘴里不停地说："好听，好听……"那位老爷爷晃动着身体，显得更加快乐了。看着他们远去的背影，心里不禁感到：也许这份平凡的感情，会因为音乐而充满了热恋般的浪漫和电影般隽永的结局。

音乐也是我们课堂的一部分。我会在课前布置场地的时候就打开为课程主题准备好的歌单，看着衣服和配饰都安静地待在自己的位置上，和我一起迎接即将到来的那些美丽的人。

我曾经用文字描述课前的时光：那扇门静静地开着，电脑中循环播放着法国香颂，音响使音乐充满整个礼堂。寻了一处角落，看着她们或悠哉地走着，或寻觅舒适的位置，或看到熟悉的面孔雀跃奔去，或默默地踏着音乐释放轻松的笑容……这一刻，像是一场约会的前奏。走过她们身旁，每一张可人的脸庞都充满了情感，有点害羞，又有点迫不及待。如果你看到这样的画面，一定会深深沉醉其中……

在课堂上，我尽可能让大家打开所有的感官去感受美。这份美不光是穿着上的精致。如果不带着对美的感受力投入生活，我们可能就会丢失掉那些最根本的东西。一次课程谈不尽美，通往美的路上必经生活中的琐碎细致，通往美的路上春色正好，阳光正艳。

尝试一下，在你心情不好或者心情愉悦的时候，在你为第二天准备衣服的时候，在你坐在阳光下品读一本书的时候，在你拿起笔在本上写下一行行文字的时候，让耳边响起音乐吧，它会让你的时光拥有别样的感动。久而久之，音乐会培养你的审美和你对待生活的态度。

4

下午四点的美好时光

无论在哪里，在做什么，到了下午快四点钟的时候，内心总会有“下午茶时间到了”的提醒，这是一天中最具美感的放松时刻。之所以说美感，是因为要同时从穿搭、布置、茶具和心情上重视这哪怕只有半个小时的下午茶时光。

即便是休息日在家，我也常常会在下午茶时换上清洁舒雅的服装，将音乐换成法国香颂或者冷爵士，铺上喜欢的桌布。春天的时候我喜欢用白色的茶具，它们雪白的样子就好像一切都重新开始；无色透明的玻璃茶具是夏天的最爱，让人满目沉静清凉；秋冬时则会选一些厚重温暖的颜色和材质，在秋收冬藏的季节营造包裹感。下午茶其实也就一个小时左右的时间，却可以让全身的感官在这一杯茶的时间里慢下来，完全放松。

一首英国民谣这样唱：“当时钟敲响四下时，世上的一切瞬间为茶而停顿。”早期的英国，上流社会的人会让女仆们准备一壶红茶和点心，同时邀请他的朋友们一起共享。喝茶是一天中和家人朋友悠闲相聚的时光。而中下层的贫苦人们，也会在工作之余喝一杯茶，聊聊天，享受短暂的休憩，抚慰一下疲惫的身体。

下午茶不光是拥有大把时间的人才能享有的事情。即便是朝九晚五的职场人，也可以在下午四点左右的时候暂时放下手边的工作，为自己冲泡一杯咖啡或者红茶。闲暇之后才可能生发更多智慧，工作效率才会有增无减。

对于为母则刚的全职妈妈，最应该暂时放下手中的忙碌，停下来和孩子一起享受一杯下午茶，让孩子感受慢的艺术和生活中随时可以创造出来的美感，这也能够让自己以更好的情绪和孩子相处。

周末在家的时候，下午茶是孩子最期待的时刻。三点钟的时候，他已经开始想着怎样布置小小的茶桌，吃什么甜点，和爸爸妈妈聊什么话题了。看到他这样，常常令我想起《小王子》中狐狸和小王子的那段对话：

“你每天最好在相同的时间来，”狐

狸说，“比如你下午四点钟来，那么到了三点我就会很高兴。时间越是接近，我越是高兴。等到四点，我就会坐立不安，我发现了幸福的代价。但如果你每天都在不同的时间来，我就不知道该在什么时候开始期待你的到来……我们需要仪式。”

“仪式是什么？”小王子说。

“这也是经常被遗忘的事情，”狐狸说，“它使得某个日子区别于其他日子，某个时刻不同于其他时刻。”

要让自己心中每天都有“该停下来喝杯下午茶”的提醒，这样才能让精致的生活态度成为一种习惯，才能让美丽的外表背后有更真实的生命气息。

5

被书籍滋养的气质

在课堂上，我们有一个穿搭练习：去书店怎么穿？当然不是去那种拍照打卡的网红书店，而是怎么穿才能和有书香气的氛围彼此融合，才能让身体拥有阅读的姿态，不过分张扬，但也丝毫不沉闷，款式张弛有度，有一种恰到好处的得体感。所以会从服装单品和配饰的语言出发来选择，比如带有书卷气的服装单品——衬衫裙和开襟毛衫，或者有才华感的胸针和优雅诗意的丝巾，一副内敛的眼镜也会令整体搭配知性不少。

但无论怎么穿，都比不上浑身散发出真正的书香气息。外形的安静斯文可以靠合适的款式、颜色和配饰去弥补，但谈吐举止的文雅得体不能伪装。“腹有诗书气自华”是最美的风格，或者说是美的底气，这份底气是经年累月渲染出来的。一切外在的美都需要内在的智慧作为底色与支撑，否则，外形再好看都只是一具空壳。

每天读点儿书，不仅会让我们浮躁的心渐渐变得宁静，更能从书本中汲取到对美的认知，对风格的表达，对气质的浸润，对生活的理解。而这些可以让我们优雅地和岁月、和年龄、和皱纹握手言和，并且令一个人的风格像一坛老酒一样越陈越香。

“要做好时尚，最爱的不能是时尚。”

我们还需要了解生命，了解生活，了解人。因为每一件服装和每一款配饰只有穿在人身上的时候，才最终完成了自己。但这份完成，到底是外形上的光鲜亮丽，还是盛放的内心给予了服装更绵长的生命力，这些是我们最终要去思索的问题。而书籍让我们足不出户就能走遍世界各地，穿越时间和空间，聆听百味故事，感受五味杂陈。这些都会成就一个人独特的气质。

●让随身携带的包包里时刻有一本书，它会在你等候、排队、驾车小憩、乘飞机、坐地铁的时候替代手机。别小瞧那一小段阅读的时光。

●让家里各处都放置一些书，枕头边、茶几上、厨房里、浴缸旁，随手都能翻开一页来阅读。这样的氛围还可以感染孩子，眼睛所及之处都有书，孩子自然会慢慢拿起它们，走进它们。

●可以先从自己感兴趣的领域或者作者开始看起，很多书中会提及作者喜欢和推荐的书籍，可以找回来一起阅读。

●将书中感兴趣的文字标识摘录出来，或者将当下的感受写在后面，这样带着思索和行动的阅读才是对书籍最好的尊重。并且在读第二遍的时候，可以有重点地去读。

●减少不必要的社交，将更多的精力和时间放在阅读上，多结识爱读书、会读书的朋友。

●读书的女人和不读书的女人，短时间是看不出区别的，当然读书并不是一件功利的事情。书要天天读，读好书，才能在日积月累中浸染出骨子里的优雅。

6

观影如观己

电影对当代人而言，可以说是必不可少的精神食粮。每当有新片上映，我们或者带上孩子，或者和爱人一起，或者与闺密好友相约走进影院，放松身心。

但电影院里的好片毕竟是有限的，我们不妨在家里建立一个家庭影院，和家人们一起，每周固定的时间享用那些经典的电影，作为家庭陪伴日，从小培养孩子的仪式感。一部好电影带给我们的心灵启发不亚于一本好书。

也许会有人问，为什么要看电影呢？我们都知道，书读多了，容颜自然会改变，它们会留在你的气质里、谈吐上、胸襟中，而看电影也一样。我们每看一部经典的好电影，就像多活了一辈子，电影给我们提供了一段我们不曾拥有的时光，能让我们看到不同人的人生际遇，看到不同地方的人文风貌，看到不同性格的人对待生活的方式与态度。我们何其有幸能透过电影去见识不一样的世界。

“你有五个感官，为什么只用一个呢？”这是《听见天堂》这部电影里令我印象最深刻的一句话。那个突然失明的男孩，在一位愿意走进孩子内心的老师的帮助下渐渐醒悟：我只是失去一样东西而已，我还拥有更多的东西。我还有灵巧的双手，有趣的鼻子，敏锐的耳朵，这些都是我拥有的力量。于是，他打开了其他感官，用手掌，用脚，用嘴巴，甚至用锅碗瓢盆来演绎鸟鸣、风声、雷暴、雨滴以及四季的变迁。在他的世界里，除了视觉，没有什么是缺席的。这部电影让我愿意闭上眼睛，敞开心去聆听。眼睛看到的，无法与心灵感受到的相比，我们要保持的，是一颗敏锐的心。

根据电影《听见天堂》创作

我比较喜欢看教育成长类的电影，比如《放牛班的春天》《音乐之声》《自由作家》《弦动我心》《地球上的星星》《死亡诗社》《心灵捕手》《三傻大闹宝莱坞》等。这些电影会让我回到最初的那颗心，无论是作为孩子对一切都充满好奇心却也有无助感的那颗心，还是作为老师“一棵树撼动另一棵树”的那颗心，甚至是作为父母“什么才是孩子真正需要”的那颗心。

我们还可以通过电影去学习穿搭、学习构图、学习色彩的搭配。很多时候，一部经典的影片可以给我们很多灵感，这种灵感有生活上的启示，工作上的提醒，更有心灵上的碰撞。

穿搭课堂上，观影是一个必不可少的环节。我们很少看仅仅与时尚相关的电影，一部好电影会让我们看到生命中被光照到的地方，让我们从不同角度领略生命的意义。生活和内心，才是穿搭最美好的支点。

根据电影《遇见你之前》创作

《遇见你之前》是一部没有大团圆结局但却不会令人感到遗憾的电影。整部电影好看到令我觉得自己不是一个观影者，而是他们身边的一个朋友，和女主角露易莎一起没心没肺地大笑，和男主角威尔一起决定尊重自己的内心，放弃生命。片尾，身穿白衬衫的露易莎坐在巴黎的咖啡馆外，微笑着阅读威尔在生命最后阶段给她的那封信。我将这个片段回放了三遍。读完信站起来的时候，我看到她穿着那双威尔送的明黄色连裤袜，它那么晃眼，甚至有点滑稽，但我却一点儿也不觉得好笑，因为懂得它背后的故事，所以会感受到美。由此，我感受到：穿着是一件有生命的事。

好的电影总是这么神奇。有的电影会让我们感到温暖和美好，有的会让我们感到震撼和惊艳，有的则会让我们感到平静但却不失力量，还有一些电影娓娓道来，它的每一分每一秒都充满了真实和朴素。这些电影和书籍一样，会滋养我们的生命，让我们的视野和心胸更加开阔。

无论是看电影、读诗、养花还是书写，这些事情不但能够让我们体会更多的人生乐趣，更重要的是让我们拥有不功利的态度。只有设身处地才能产生爱，产生美。未来，让我们一起从更多经典的好电影中观看生命，真实地活出美好优雅的人生。